青二才のまま生きていくことにした

あおば（清家 碧羽）

KADOKAWA

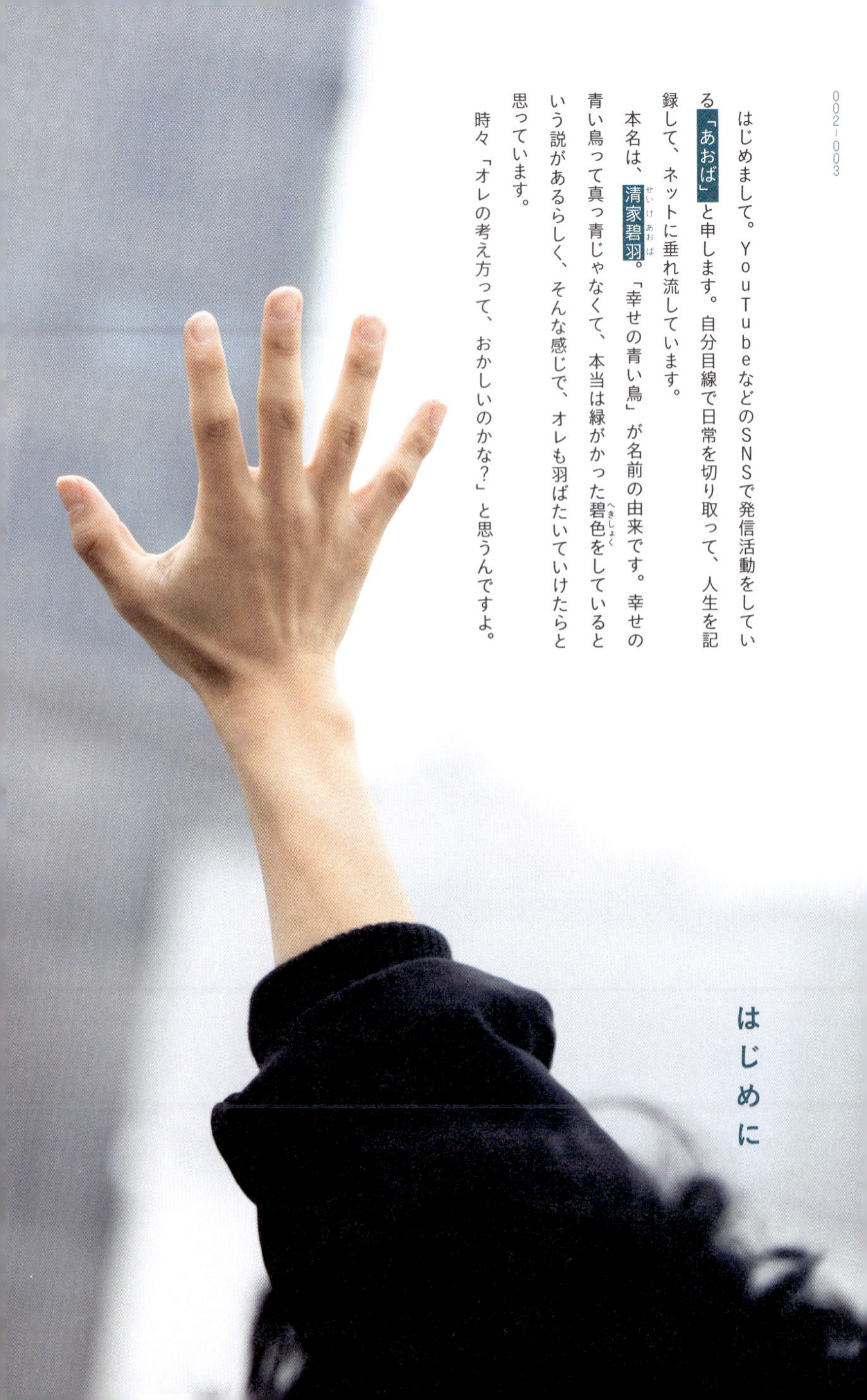

はじめに

はじめまして。YouTubeなどのSNSで発信活動をしている「あおば」と申します。自分目線で日常を切り取って、人生を記録して、ネットに垂れ流しています。

本名は、清家碧羽《せいけあおば》。「幸せの青い鳥」が名前の由来です。幸せの青い鳥って真っ青じゃなくて、本当は緑がかった碧色《へきしょく》をしているという説があるらしく、そんな感じで、オレも羽ばたいていけたらと思っています。

時々「オレの考え方って、おかしいのかな?」と思うんですよ。

人と話していても、相手に理解されていないなと感じる瞬間がある。引いてるっぽいなと感じるときもあれば、「羨ましい」と言われることもあります。オレの活動を見てくれる人からも、よく「自由でいいね」「気持ちが軽くなる」って感想をもらいます。自由……なのかな？　みんな、そんなに生きづらさを抱えているの？

　こういう声を聞いているうちに、自分が感じていることを言葉にして、本にしたいと思うようになった。

　なんで本なの!?　って思うよね。オレ自身、本なんて、漫画も含めてほとんど読まないのに。

　そもそも、本って一人では出せないイメージがある。普段は一人で動画撮って、編集して、発信しているけど、もっと多くの人が関わるような、言ってしまえば手間のかかることがやりたくなった。

　動画でバーッとしゃべるのとは違って、言葉だけだと雰囲気が伝わらないから、表現のハードルが上がる。

　文面だけって、顔も見えなければ声も聞こえないからね。動画で言えばやんわり伝わる内容でも、文章では角が立ってしまうことがある。

　でも、表情も何もついていないからこそ、言いたいことの本質が伝わるんじゃないか。相手にゆっくり考えてもらう余白が作れるんじゃないか。

　そんな軽いノリから、紆《う》余《よ》曲《きょく》折《せつ》を経てかたちになったのが、この本です。

　オレの脳内も、撮り下ろし写真も、たっぷり収録した一冊。人生選択や人間関係に悩みがある人、自分のことを好きになりたい人、頑張りすぎている人、みんなに読んでもらいたいですね。

　オレがどんなふうに生きてきたのか。どんな環境で、何を感じて、考えて、行動してきたのか。

　理想的でも模範的でもない。理解されがたい部分もたくさんあると思う。

「こいつ、アホだな」

「意外と考えているんだな」

「そんなんでいいのかよ」

なんて思われそうだけど、人生なんとかなるし、こんなオレでも楽しくやっていますから。

　何かしらの刺激と心のガス抜きのヒントになることを願って。

あなたにオレの気持ちが届けば幸いです。

あおば

名前の「碧羽」にちなんだ青いニット。SNS を始めた初期からずっと着ているお気に入りで、もはやお守りみたいなものです。朝1発目の撮影シーンだったので、ヘアメイクさんが顔周りをめちゃくちゃマッサージしてくれました。むくみが消えて、入りの顔と大違いでしたね。撮影では将来お嫁さんができたときの妄想をしながら、「同棲したらこんな感じだろうな〜」みたいなのを表現しました。パンが好きだから、朝食は必ずパンにしてほしい……。

カラコンの世界観に行ったときの自分を表現しました。オレのカラコンのイメージは、マシュマロ、綿あめなど、原宿っぽいお菓子から色を抜いたもの。ファッションでその白くて儚い感じを見せられればと思い、色素の薄いデニムに白シャツでコーデを組みました。手に持っているバルーンなどが映えるように、オレ本体から色は取り除いているって感じです！

自分がプロデュースしているブランド「a2o」を軸にコーデを組んでみました。アースカラーが大好きなので、この色合わせはアパレル店員時代にもよくやっていました。「世界」とか「大都市」「地球」といったワードに惹かれる自分を表現するにあたって、日常でよく見かける色を取り入れることでコーデとして馴染むかなと考えています。

「a2o」の修正に修正を重ねたセットアップ。冬、実家に帰省するときも、友達と飲みに行くときも、何も考えずに上下セットで着るだけで様になってくれるので愛用しています。プラスチックファスナーを使ったり、パイピングを入れたりしてSFっぽい宇宙服を表現。「無駄な装飾が生活を豊かにする」という信条のもと、肘部分には交通系ICカードを入れられるポケットをつけました。

CONTENTS

002
はじめに

020
CHAPTER.1　人生はエンカウントの連続
・できないことは無視して、楽しいことに全振り　022
・やめる選択肢がなくても、サボる瞬間はあっていい　026
・人にどう見られるかより、自分の直感を優先する　030
・「続ける」だけが正解じゃない　034
・人生の大きな決断こそ迷わずサクッと決める　038
・場所を変えてみたら新しい扉が開かれた　042
・自由でいるために自分ルールを守る　046
・人生は少々ハードモードで刺激があるほうがいい　050

054
CHAPTER.2　“よっ友”との社交から得た知見
・全員と仲よくなれるのが本物の“一軍”　056
・優しい忖度はいらない　061
・いっそルールを破ってアクションを起こす　064
・退屈な時間にも学びはある　068
・簡単に信用しないから、キャラはよく変わる　072
・つながりを求めるより、出会いの縁に感謝する　076
・お金の話をしたらゲームオーバー　078

082
CHAPTER.3　自分と戦って武器を見つける
・いなしスキルでストレスをスルーする　084
・制限があるから刺激が生まれる　088
・認めてくれる人はたった一人でもいい　093
・魅力はいくらでも増やしていける　098
・上手い人を目指す前に下を見て反面教師にする　102
・人と比較してヘコまない理由　106
・自己プロデュースって何？　表に出ている自分がすべて　110
・SNSは支配されるものじゃなくて、楽しむもの　114

118

CHAPTER.4　やること・やめることリスト

・あおば流、人生を楽しむマイルール20　120
・意思表示として「ノー」はめっちゃ言う　122
・リアクションは大きく　123
・人に誘われたら積極的に参加する　124
・まずは自分からさらけ出す　125
・気持ちが動くものを買ってみる　126
・欲しいものは自分で買う　127
・外に出て、おじさん、おばさんを観察　128
・頑張るのは最初だけ　129
・停滞しているときは大きなことを先に決める　130
・限界まで、やるだけやってみる　131
・言い訳はしない　132
・リーダーにはならない　133
・同じメニューは頼まない　134
・おもんないことは発信しない　135
・見栄を張らない　136
・人の厚意に甘えすぎない　137
・嫌な思い出は記録しない　138
・「人と比べないようにしよう」と考えない　139
・お金を優先しない　140
・応援してくれる人を「ファン」と呼ばない　141

142

CHAPTER.5　テンションの上がる服を探して

・ファッションはとことんトライ&エラー　144
・モテる服はあるが、服だけでモテることはない　148
・服は自己表現の一つ。ジャンルは"自分"　152
・服で人は変われる。一度変身してみない？　156
・メインは自分自身。服のことは後出しで　177
・コンプレックス含め、まずは自分を知る　180
・大衆受けとコア受けのバランス感覚が大事　184

186

あおばQ&A

190

おわりに

STAFF

PHOTOGRAPHY
島本 絵梨佳
竹尾 晃太郎（P.168～171）

HAIR&MAKE
NOBUKIYO

ART DIRECTION
江原レン（mashroom design）

BOOK DESIGN
阿嘉夏実（mashroom design）

DTP
荒木香樹

PROOFREADING
あかえんぴつ

MANAGEMENT
聖傘

ASSOCIATE WRITER
根岸 聖子

EDITOR
伊藤 瑞華（KADOKAWA）

CHAPTER.1

人生は
エンカウントの連続

AONISAI NO MAMA IKITEIKU KOTONISHITA

できないことは無視して、楽しいことに全振り

オレは勉強ができない

幼少期からとにかく成績が悪かったし、アホなことばかりやらかしていた。ランドセルを背負わずに学校に行っちゃって、そのことに家に帰ってから気づくくらい注意力散漫だった。

東京で暮らしていたオレは、小学4年生の頃、両親の故郷である愛媛へ引っ越すことになった。

転校してもなお、テストの点数は低く、忘れ物は多い。親は心配して「勉強しなさい」って何度も言ってくるし、周りにはバカだのなんだの言われていたけど、そ

れで落ち込んだことは一度もなかった。

当時からなんとなく分かっていたんだよね。勉強ができないのは、別にそこまで致命的なことじゃないって。

オレは自分なりに効率を考えてこなすことには長《た》けていたみたいで、上手《うま》く力を抜いて生きてきた。

宿題はめんどくさいけど、怒られない程度に最低限はやるようにしていた。

夏休みの課題にしても、読書感想文や自由研究みたいな、大きくて目立つやつを外さなければ、多少他が抜けていても怒られない。デカいのをやって提出しておけば、ドリルが3ページ白紙だろうが見逃してもらえる。

人に「やれ」と言われたことって、全部完璧にやらなくてもいい。ここだけやっておけば怒られない、事故らない、というラインを見極めて、できる最低限で動いても、結局なんとかなる。

そういうことにはしっかり知恵が回るというか、オレはめんどくさいことを回避する要領だけはよかったようだ。

勉強は全然ダメだったけど、中学から始めた軟式テニスで県選抜になった。そのテニスにしても、始めたのは偶然だった。

それまでずっとサッカーをやっていたのに、進学した中学にはサッカー部がなかった。仲のいい友達が軟式テニス部に入ったから、じゃあオレもそうしよ〜っと。テニスがやりたいというよりは、友達にくっついて入部しただけだった。球拾いになんの意味があんねん！　とか思いながら続けていたら、案外筋がよかったみたいで、県選抜に選ばれるまで上達してしまった。

勉強は相変わらずダメで、野球部員とドベ争い（笑）。オレはまったく気にしていなかった。だけど親は「高校に行けるのか!?」と心配しまくっていたなぁ。当時のオレにはテニスしか武器がなくて、最終的には、テニスのスポーツ推薦で愛媛県松山市にある超マンモス高校に入学した。

進路は、願書を書けば誰でも入れるような地元の高校か、勉強やスポーツのスーパーエリートが集まる、家から遠いこの高校かの二択だった。

迷うところかもしれないけど、オレは即決で後者を選んだ。テニスクラブで交流があったテニスの上手い友達も行くと言っていて、だったらオレも行くわって。面接もあったけど、不安は全然なかったな。

オレはそこで寮生活を送ることになった。

高校生活はもう、めちゃくちゃ楽しかった！
寮は野球部だけが別で、あとはサッカー部、バスケ部といろんな部活の先輩たちがいて、みんな仲がよくて。テニス部の先輩が「こいつ、おもろいんすよ」って他の部活の先輩の部屋に連れて行ってくれて、そこでワイワイしていた。

人間、得意・不得意があって当然。できないことを嘆いても、それは自分に向いてないってだけだから、**好きなこと、得意なところで頑張ればいい。**得意なことをしているほうが絶対に楽しいし、充実した時間も過ごせる。
こんなアホでもなんとか人生楽しくやっていけているんだから、みんなも**できないことは無視して、楽しいことに全振り**しちゃっていいと思う。**苦手を無理して平均にするより、得意なことをさらに伸ばすほうが生産性も高まりますからね！**

やめる選択肢がなくても、サボる瞬間はあっていい

力を抜くときと抜かないときを見極める

中学で軟式テニスを始めて、そこそこ結果が出せたおかげで、推薦で高校に入ることができた。

チームには上手いやつばかり集められているし、寮生活ですべてが管理されているから、当然、練習は厳しい。

中学まではがっつり部活に打ち込んでいた人でも、高校に入ったら行動範囲が広がるから、「もっと遊びたい」とか、「しんどいことはしたくない」とかいう理由で体育会系の部活を避ける人も出てくる。

オレも、練習がキツすぎて、バーンアウトっていうか「ほんまにテニスのこと好きなんか？」って燃え尽きそうになったことがあった。だけど、部活をやめる選択肢はなかった。だって、それで高校に入れてもらっているわけだし、寮にも入っちゃったからね。

でも、もしそういう縛りがなかったとしても、やめてはいないと思う。当時のオレの中には、テニスを続ける・やめるっていう選択肢すら存在していなかった。普段、吸って吐くことを考えながら息してるやつがいないのと同じくらい、意識にすらのぼらなかった。

同じ状況で入学してきた生徒たちと寮で生活していたせいか、日常にそういう空気は一切なかったし、周りにやめていく子もいなかった。

もし一人でもいたら、「それもありか」って思っていたかもしれないけど、当時のオレが生きていた世界には、その発想が浮かぶ余地はなかったんだよね。

「やめる」という概念はなかったけど、「辛《つら》い」という感覚はあった。だから頭の片隅に**「どうサボるか」**という概念が生まれた。

仕事でもそう。**ずっと全力で、ガチでやり続けるとキツくなる。**真面目な人が壊れておかしくなるのって、糸を全力で引っ張って切れちゃうのと同じ。**壊れない、**

切れないために抜きどころを探す術《すべ》っていうのは、もはや現代社会を生き抜く上での必須スキルだと思う。オレはそれを高校時代に身につけたのかもしれない。
抜きどころを間違えると怒られたり、信用をなくしたりするから、「どこでサボるか」や「どうサボるか」っていうのは結構重要だったりする。
少なくともオレは、サボるところと集中するところを、自分なりにバランスを取りながらやっていた。

というのも、オレのいた高校には、いろんなスポーツで中学時代に実績を残した人ばかりいたから、みんな基本的に意識がすごく高かった。寮で一緒に生活している人たちも、真面目にスポーツに向き合っている子たちばかり。そんな中で分かりやすくサボると当然浮くし、サボってる自分にもイライラする。だから、自分の出番じゃない時は脱力したり、ボーッとする時間を増やしたり、練習が始まるギリギリまで寝たり、悪目立ちしないような隙間を見つけてサボってた。

意識高い人たちに囲まれていたけど、そうなれない自分にヘコむなんてことは、一切なかった。性格的な部分を人と比べても仕方がないし、自分は自分のやり方でしかできないから。

比べていたのは技術面のみだったな。

あの人、上手いなって気づいたら、とことん、パクってた。よく見て、何度も真《ま》似《ね》することで自分の技として習得する。人のいいところをパクりまくってから自己流に整えればいい。

周りに山ほどお手本があって、サンプルに事欠かなかったのは幸いだった。インターハイに出るレベルの先輩もいて、めちゃくちゃ上手い人だらけだったから。

分からないことは、素直に聞けば案外教えてもらえる。「それ、どうしたらいいんですか?」「オレがやるとこうなっちゃうんですけど、なんで○○さんはできるんですか?」って。質問するときは、自分ができないことをさらけ出すのが大事だよ。頼るときは下からいかないと。そういうポジションでいったほうが、相手も教えやすいはず。

先輩に限らず、同級生でもすごい技術を持っているやつには下からいくよ。悔しいけど、仕方ない。オレは自分の好きなことに対しては負けず嫌いだから、できないままのほうが、もっと悔しい。

たまにサボり、周りに頼りながらだったから、オレは厳しい部活を卒業まで続けられたのかもしれないな。

人にどう見られるかより、自分の直感を優先する

ヤバい！　という気を察知したらすばやく去る

ここにいたらヤバそうっていう気配を感じるときがある。理屈とかではなくて、直感っていうのかな。説明しようと思えばいろいろと後から理由づけはできるんだろうけど、それよりもまず、感じるんだ。「女の勘」とか、そういうのに近いんじゃないかな。オレはこの自分の勘と直感をすごく大事にしてる。その時々でなんとなく「感じた」ことを、無視しないようにしているんだよね。

大学時代、せっかく採用されたアルバイトも、直感で「ここなんかヤバそう」と察知したらすぐにやめた。

そのヤバい〝気〟というのを言語化すると、その場所が自分を腐らせそうだとか、スポイルされそうだとか、店長に搾取されそう、病みそうとか、そういう感じ。一般的に劣悪な環境であることと、自分との相性が最悪そうなのと、両方あるかな。

自分から申し込んで、面接してもらって、ようやく受かったのに、「なんか気が乗らないから」というだけでやめるの、どうなん？　って理性的な考えもよぎるけど、だからといって**「気のせい」にして直感を打ち消すようなことはない。**お店側にも迷惑をかけたと思うけど、その場所の雰囲気は、一度その場所に行ったり、接触したりしてみないことには分からないから仕方ない。オレは超能力者じゃないからね。

多かれ少なかれ、みんなもきっと嫌な気配とか変な空気とか、そういうのを日々感じているんだと思う。だけど、あくまでも勘だから理屈で説明できないし、一時の気の迷い、気のせいって思ってしまう人も多いのかもしれない。

でもオレは自分の直感を信じているから、感じたことを前提にして次のアクションを決める。

だって自分の直感、今まで大体合ってたんで。オレにはオレの、成功体験の積み重ねがあるんで。

気配を感じ取って、逃げて正解だったこと、逆にいい気を感じて飛び込んでよかったこと。思い返すと、やっぱり自分の直感を信じてよかったじゃんって思うことしかないから、**頭でごちゃごちゃ考えないで勘を信じて決断**している。

オレの直感は土地にも働くみたいで、街的にこの辺はヤバいなとか思ったら、アクセスがよくても住むのはやめるようにしてる。霊感とかは全然ないんだけどね。

人に対しても、最初にしゃべっただけで性格的なところが大体、分かっちゃう。ただ、ちょっとしゃべっただけで分かったつもりになっている自分もどうかと思うから、数回接触してみたこともあるけど、結果としては「やっぱりな」だった。自分なりに検証してみたものの、結局初対面で感じた気質を持っていたから。うわ、意外だった、誤解しちゃうところだった、ってことは、これまでほとんどなかったと思う。

人に対して割とすぐに感じるのは、マウントを取ってきそうだなとか、自慢話ばかりしてきそうだなとか、人の話をあまり聞かなそうだな、とかいう性格の片鱗《へんりん》。そういうときは無理に関係を築こうとせず、サッと離れる。

もちろん、悪いところだけじゃなくて、この人めっちゃピュアだな、心の底から優しいなとか、素直で裏表のない人だなとか、素敵なところも見える。そういう人たちのことは大事にしていきたいと思ってるよ。

言葉にするのは難しいんだけど、要するに**ファーストインプレッションは大事**ってことです。ざっくり言うと。

直感は絶対に打ち消さない。

その場、その瞬間は気まずかったとしても、**ヤバい場からはさっさと逃げるが勝ち**なんだよね。

「続ける」だけが正解じゃない

知識ゲットが第一、時給は二の次

「大学に入る」という経験がしたくて、指定校のスポーツ枠で大学に進学した。合格したとき、母から「全部テニスのおかげでできた経験なんだから、今後もスポーツっていう軸は忘れないように」と言われたことを覚えている。そんなわけで、オレは大阪で一人暮らしをしながら、兵庫の大学で心理学を学ぶことになった。

中高はテニス漬けだったから、オレは大学生になってからバイトデビューした。最初は丼系ファストフードのチェーン店だったかな。バイト先は転々と変えていて、カフェだとか、雑貨店のフライングタイガーに古着店、あと居酒屋、韓国料理店とかで働いてきた。

一貫性ないねって言われるけど、それは**仕事を時給よりも「人生で経験しておきたい職種」っていう基準で選んでいた**から。通いやすいとか、仕事がラクだとか、まかないが美味《おい》しいとかも別にどうでもよかった。

バイトをすることで、その業界、界隈《かいわい》のことがなんとなく分かってくる。いろんな職場を経験してみたくて、それで思いつくままにバイト先を選んでいた。

同じ職場や業界にずっといれば、要領が分かってやりやすい部分はあるのかもしれない。一つのスキルを集中的に伸ばすというのも一つのやり方だと思うけど、オレは一度経験したら、次は別の界隈に行ってみたいって思うんだよね。

知りたいっていう好奇心からバイト先を選んでいたから、好奇心が満たされて経験値が積めたら、その時点で目的は達成されていた。自分の中で仕事を一通り覚えて「なるほど」となったら、もうそこにいる理由がなくなる。ＯＫ、じゃ、次！　って。

その業界のことを学ぶよりもデメリットのほうが大きいなと判断した場合に限り、さっさとやめていた。

さっき話したチェーン店も、記念すべき初バイトだったけど、この店長ヤバいなっていう気を察知して、初日に撤収した。制服を選ぶときに「サイズ何?」って、ものすごい上から喧嘩腰《けんかごし》で聞いてきて、この人の下で働くのは百害あって一利なしだな、と判断した。

カフェでのバイトも短かったな。お店の空気がとにかく合わなかった。店員の愛想がよくなくて、ここにいたら自分まで性格悪くなりそうだぞ、と。どんよりした雰囲気が知らないうちに伝染したら嫌だなって思って、早々に撤退した。

逆に、妙にアットホームすぎるのも苦手なんだけどね。バイト先でそこまでつるみたくはないんで。わがままですみません!

韓国料理店はね、ぶっちゃけモテに走った(笑)。電車で35分くらいかかる場所だから通いにくかったんだけど、当時は韓国ブームがすごかったから、人気の場所で働いてみたいな、って。韓国料理も好きだし、韓国アイドルも好きだったから。

一番長かったのはアパレル。アメ村の古着店で、そこでは2年くらい働いていた。やっぱり服が好きだから、知りたいことも多いし楽しくて、自然と長く働けた。

飲食でもアパレルでも、客層を観察するのがおもしろかったな。特に飲食は、いくつかのお店で働いたから、「こういうお店だと客層はこんな感じなんだ」と比較できて勉強になった。

自分が**短期間でバイトを変えてきたのは、世界を吸収するため**だったんだと思う。一つのジャンルでプロになるのもいいけど、自分みたいに**ルーティン化したことを続けていくほうがストレスになる人もいる**んじゃないかな。

「短期離職」とかいうと悪いイメージもあるけど、それが合う人もいる。オレは、結果いろんなことが経験できて、よかったって思っているよ。

人生の大きな決断こそ迷わずサクッと決める

やり直しが利くことはとことん優柔不断

基本、優柔不断な性格だけど、大学をやめるのは早かった。

それこそ直感で。

まったく考えていないわけじゃないけど、迷いはなかった。オレはご飯や服、家具なんかを選ぶときは迷いまくるのに、こういう人生の転機でどうするか決めるのがめちゃくちゃ早い。

ちなみに、大学は4年の後期で卒業を待たずに中退した。

ストレートで卒業するには単位が足りなくて、留年して卒業するか、退学するか決める必要があった。でも、あと1年大学に通ったとて、確実に卒業できるかは分からない。オレは留年するくらいだったら、もう別の場所に行ったほうがいいかなとあっさり決めた。

親が「上京して何かやりたいんだったら、もう行っちゃえば？」と背中を押してくれたっていうのもある。学生期間を延長してダラダラと卒業まで過ごすくらいなら、早めに次のステージに行ったほうがいいんじゃないかって。

うちの親、自由でしょ？　ありがたいよね。

「大学くらい出ておけ」って言われるパターンも絶対あるはずなのに、親がこういう感じだからオレも自由に、直感で動ける。

決断は一瞬だった。決めたらあとは行動するだけだから、やめる手続きと東京での物件探しは並行してやっていた。

こんな話の後だと信じてもらえないと思うけど、本来はめっちゃ優柔不断なんです。飲食店で何を食べるかとか、全然決められない。

優柔不断すぎて、ウーバーで一回注文したのに、後から「やっぱり違うやつにしよう!」ってキャンセルしようとして、でももう間に合わなくて、結局新しくオーダーした品と2つ分のお金を払ったこともあるくらい。

家具なんかも、決めるのにすごく迷ったし時間がかかった。自分では決められなくて、友達に連絡することもあった。

食事も、生姜《しょうが》焼き定食とハンバーグ定食、どっちにするのか、ラーメンを豚骨にするかしょうゆにするか、いつも迷う。

日常の細々したことにはなぜそんなに優柔なのかというと、小さいことほど直感が働きにくいから。

やり直しが利くことって、極端な話、**どっちでもいいことだから決めづらい**んだと思う。

ぶっちゃけ、何を選んでもそれなりに満足するはずだし、空腹は満たせるから、どっちでもいいんだよ。

両方とも同じくらいの魅力があるから迷うし、決めるまでに時間がかかる。

やっぱ、あっちにしとけばよかったかな、って、やり直したくなる。

一方、進路を決めること、人生の分かれ道でどっちに行くかを決めるときって、そうそうやり直しはできない。だけど、決めなきゃ前に進めない。

大きな決断には体力がいるけど、一度決めた後は案外スムーズだったりする。

どっちでもいいものは選ばなかったものへの執着が生まれがちだけど、後戻りできない選択では、決めなかったほうへの未練が生まれにくいから。

仮に判断を間違えたとしても、もうその方向に進んじゃっているんだから。このまま突進していくしかないでしょ。悩む時間があったら、いったんサクッと方向を決めて進んでみたほうがいい。

そう考えたら、人生、直感で選ぶほうがだいぶラク。

日常生活では迷いまくりなんだけどね！

進路を決める大きな決断をするときには、ワクワクするとか、なんとなく嫌な気がするとか、自分の素直な感覚に従ってみてもいいのかも。

場所を変えてみたら新しい扉が開かれた

チャンスが増えるとやりたいことも増えていく

大学をやめると決めた瞬間から、オレは上京に向けて動き始めた。

「東京で暮らしたい」という思いは、小学校を卒業する頃からずっと抱いていた。特別な理由はなく、ただ「東京に行ったら何かあるだろうな」という予感だけがあった。

幼少期に住んでいたし、大学生のときは2カ月に一度くらい遊びに行っていたから、東京はまったく未知というわけではなかった。

だけどやっぱり、実際に生活の基盤を移してみたら、想像以上に変化があった。

まず、出会いの数が半端ない。大阪にいたときとは比べ物にならないくらい、会える人が増えた。

4月に上京して、「引っ越しました」ってＩｎｓｔａｇｒａｍのストーリーに出したら、いろんなところから連絡が来た。活動の幅を広げるために東京に出てきたわけだし、いろんな人に会おう！　と積極的にコミュニケーションをとっていたら、さらに他の人につながっていって。案件を紹介されたり、仕事につながったりすることが、めちゃくちゃ増えてびっくりした。

いる場所で、こんなにも違うものなのかと。

動けば新しく道ができるし、扉も開かれることが分かった。

でも、それがすべていい縁とは限らないっていうのも事実。

年齢が上の人からすると、年下で上京したて、世間知らずのインフルエンサーもどきなんてちょろいと思われる。

仕事にしても、一緒にアイデアを出し合って何かしかけたいと純粋に思ってくれる人もいれば、ただ利用したいだけなのかなと感じる人も多々いる。

どう見ても案件だし、友達でもないのに、謝礼０円で依頼してくるとかね。こっちが何も言わなかったら、そのまま押し切られる。だから交渉しないといけない。

なんていうか、ズルしたもん勝ちというか、利用してサヨナラって感じがする。

だって、この先も付き合っていきたい人には、そんな扱いしないでしょうよ。

そういう負のギラつきに晒《さら》されることが多い東京は、刺激としんどさがセットになっている街だと思う。

オレが「直感で動く」とか言うと周りに「大丈夫!?」「なんでも信じそう」って思われがちだけど、こういう経験を経たオレは、**仕事、つまりお金が絡む時点でまず疑ってかかる**ようになった。

「表面上は笑顔でこんなことを言っているけど、なんか内容に違和感あるな」とか考えながら、注意深く相手と対峙《たいじ》している。

今は事務所に所属したから、そういうやりとりは全部やってもらっているし、守ってもらえるようになった。

ちなみに、事務所を決めるときも、オレの気を読む防衛術が発動して、ここは空気がいいから大丈夫って決めた。

きっかけは、大阪時代に同じ古着店でバイトしていたインフルエンサーの仲間。

その人が先に上京して、今の事務所に入って、その縁でオレも紹介してもらった。

スタッフはみんな同年代で、いい気を持っていて、事務所の空気もよくて。会ったその日に契約した。

ね、大きな決断は早いんですよ！

事務所はまだ設立されて間もなく、とにかく勢いがあるから、オレの担当になったマネージャーも、いろんな話を持ってきてくれる。

この前は、CMのオーディションに参加して、食らってきた。いろんな方面から本気で道を切り開こうとしている人たちが集まって、勝ち取ろうとしている場。ライバルから学ぶことがたくさんある。

マネージャーが**「とりあえず経験しとけ」**って言うから、RPGで敵キャラと遭遇する感覚で今は新たなエンカウントに向き合い中。ミュージックビデオの撮影も楽しかったし、テレビのバラエティー番組にも出てみたくなったし、気を張りながらも楽しい毎日を送っている。

大阪にいる頃は今みたいな夢、考えもしなかったのに。

やっぱり**チャンスが増えると、やりたいことも生まれてくる。**

未来が見えてこないときは、**場所を移してみるのも一つの手**だよ。

自由でいるために自分ルールを守る

自分次第だからこそルーズにしない

上京して事務所に所属して、これから仕事の幅は広がっていくと思うけど、その最初の一歩となったのは、ノリで始めたSNSの発信だった。

周りもやっていたし、なんとなく興味があったから、経験として一応やっとくか、くらいの感じで、TikTokだったか、Instagramだったか、その辺から始めた。最初から上手くいったわけじゃないけど、意外と続いて、後からYouTubeもやるようになって、今に至る。

人生、やりたいことは次から次へと出てくるし、やらなければならないことも増えてくるじゃないですか。

だけど、時間には限りがある。

誰しも与えられた時間は等しく、一日が24時間であることに変わりはない。その**限られた時間内で、やりたいこと、やらなければいけないことをどうこなしていくか**っていうのが、割と重要なことだったりする。

オレもそこまでしっかり時間管理をしているわけじゃないけど、この活動を始めてから優先順位は意識するようになった。どうでもいいことには脳のリソースを使いたくない。短期間で成果を出すためには、**優先順位の高いものに絞って能力も労力も使う**べきだ。

第一に優先しているのが、発信活動ね。

最初は暇で始めたことだったけど、仕事にも結びつくようになってからは、これが日々の大事なミッションみたいになってきた。

だからSNSに何か載せたり、投稿したりする頻度に関しても、間を空けないように意識している。

ぶっちゃけ、自由に始めたことだから、ノルマも締め切りなんてものも存在しない。こっちは超フリーなわけだから。

だけど自分の中では一応、期限は決めている。前回は○日に出したから、次回は△日には投稿しないといけないな、とか。きっちり何曜日って決めてはいないけど、1週間以内とかそういうのは自分で決めて守るようにしているんですよ。そろそろ写真をアップしたほうがいいなとか、今月は写真少なめだったから来月は撮影を増やそうとか、そういう微調整も含めて。

友達と会っていても、そのルールを守るために自分だけ先に帰ることがある。今日やらないと、明日投稿する予定に間に合わない！　ってなったら、どんなに楽しく遊んでいても、「帰る」一択。「明日でいっか」って諦めても別に誰かに怒られるわけじゃないけど、**例外を作ってしまったら、そのルールを作った意味がなくなってしまう**から。

適当なオレだけど、自分を追い込まなきゃいけないポイントは分かっているつもり。「今日はいいか」「1回くらい遅れてもなんとかなるか」と自分を許してしまうと、そのまま引きずってしまうものだっていうのはよーく分かっている。自分で決めたことなのに、守らなくなってしまうのは目に見えているんだよね。

例外を作ってはいけないっていうのは、経験上の戒めです。

バイトでも1日休んじゃうと、また休めるんじゃないかって思っちゃうし、大学とかもそう。授業1回くらいサボってもいっか、まだ余裕あるしって思って休んじゃうと、次の週も休みたくなるものなんだよ。それでめっちゃ休んじゃって、評価が下がって、単位に響いて卒業が危うくなる。経験者は語るぜ！

振り返ってみて、あのとき軽い気持ちで1日休んじゃったのが後々に響いたなってすごくよく分かるんです。いったん負のループに陥ると、元のペースを取り戻すのも大変だし、自分自身への信用もなくなってしまう。

自由だからといって、ルーズになってはいけない。

結構考えているんですよ、これでも。

人生において優先順位の高いものに関しては、マイルールを決めて守ることを自分に課している。

自分の大事なものを自由に楽しむために、必要なことだからね。

人生は少々ハードモードで刺激があるほうがいい

退屈は人生最大の敵

慣れによってもたらされる平穏よりも、少々ハードモードでも刺激があるほうがいい。あくまでもオレ個人の生き方で、推奨するものではないんだけど。

オレは、家にずっといられない。

丸一日時間ができたとして、家でドラマや映画を観《み》るっていう選択肢は絶対にない。そんなの無理、耐えられない。作品の内容がどうのっていうわけじゃなくて、家でじっとしていられないから。

一歩外に出たら人間観察もできるし、いろんな情報にエンカウントすることができる。人混みも得意ではないけど、家でまったりしているほうがストレスになる。だから何かしら理由をつけては出かけるようにしている。

計画せずに出かけることも多い。友達と会うにしても、集合してから「今日、何する?」っていう始まりは嫌いじゃない。

映画に行くとしたら、映画館で作品を決めるくらいがちょうどいい。何かが観たいから映画館に行くというよりは、その場で「どれがおもしろそうかな?」って直感で選んで、どうしても観たいのがなければ予定を変える。

「このカフェに行ってみたい」「このパンが気になる」とか、目的が明確なときは調べるほうなんだけど、思いつきの行動って予想しないことが起こるものだから。それが刺激的なんだよね。

だから動画の編集をするときも、家じゃなくてカフェとかでやりたい派。道中や店内で何か起こるかもしれないし、人間観察もできる。撮影した写真をピックアップするだけでも、外に出て店に入って考えたい。

家は嫌いじゃないし、むしろ好きなほうで、夜帰ってゆっくりするとかならいいんだけどね。一人での休息は必要だから。


ただ、家にいたら何も起こらない。

RPGでも、新しい街に着いたときに、誰にも会わなかったらイベントも発生しない。バトルは必ずしも楽しいものとは限らないだろうけど、それでも**何も起こらない平和すぎる物語なんておもしろくもなんともない。**

エキサイティングな気持ちが足りないんですよね。もっと世界を知って自分を大きくしたい。新しい自分を常に見つけていく人生にしたい。


元々の性格に加えて、今は発信する側になったからっていうのも大きいんだよね。

特にインフルエンサーは、経験しないでいろいろ発信するのと、実際に試してみて発信するのとでは説得力が違う。

オレは、せっかくなら、やってみた上で、みんなに伝えたい。


失敗したとしても、ネタとしておもしろければ勝ち確。マイナスなことでも経験になるし、そこで得たエピソードや反省がこの先戦うときの装具になる。

成功も失敗も、エンカウントしてみないことには始まらない。

人生は感覚でこなしているから、中高生のとき、将来なりたいものなんてなかった。やりたいことも得意なこともあんまりなくて、本当になあなあな人生でしたね。夢が見つからないまま、テニスを始めて、とりあえず大学に進んで、友達とSNSをやって、そこからSNSがおもしろいなって感じて、今に至ります。オレの人生は与えられた刺激によって動かされているんですよ。

今思い返してみると、小さい頃に通っていたお絵描き教室の独特なレッスンでもいろんなことを学んだ気がする。
いくつもバイトをやってきたのもそうだし、洋服もそう。後でじっくり話すけど、ファッションに興味を持って、どんどんのめり込んで、実際に着まくったからこそ自分に似合うものや好みがはっきりしてきたんだよね。

未知のものは試してみないと分からないから、どんどんトライしていきたい。
オレはこれからも、じゃんじゃんエンカウントしていくよ。

THE INSIGHTS GAINED FROM SOCIALIZING WITH ACQUAINTANCES

CHAPTER.2

"よっ友"との
社交から得た知見

AONISAI NO MAMA IKITEIKU KOTONISHITA

全員と仲よくなれるのが本物の〝一軍〟

みんなにモテる自分でいたい

愛媛に転校する前、東京の小学校では、時々アンケートが配られていた。「クラスで誰と一番仲がいいですか？」「クラスの居心地はどうですか？」みたいな項目が並んでいて、たぶん、いじめとかの調査も含まれていたと思う。

そのアンケートの「誰のことが好きですか」っていう項目で、一番多く名前が書かれていたのがオレ。

親が呼ばれる個人面談か何かのときに、「アンケートではクラス中の子たちから、あおばくんの名前ばかり出てくるんですよ」って先生が教えてくれて。「あおばくん人気がすごくて、いつも一番です」「ありがとうございま〜す！」みたいな（笑）。みんながオレのことを好きで、友達だって思ってくれているのかと思うと、すごく嬉《うれ》しかった。

どんなふうに振る舞っていたのかというと、**明るい人から暗めの静かな人まで、本当にクラス全員と絡んでいた。**

オレが思う、いわゆる〝一軍〟と言われる人たちって、その場にいる元気な子も地味な子も、男女も関係なく、まんべんなく楽しませせられる人っていうイメージだったから。

気が合う子やコミュ力の高い子といて楽しくなるのは当たり前で、そうじゃないタイプとも楽しく過ごせてこそ、本物の一軍だろう！ってね。

国語の授業だったか、オレがまず当てられて音読して、次に誰かを指名するってなったときにも、普通に仲のいい子やムードメーカーにバトンを渡すことはしない。あまりみんなとワイワイしないような子を指名すると、ちょっとみんな驚くんだよ。意外な人を選んだなって。

そんな反応があるのも楽しいし、実は、おとなしくても個性のある子って、朗読も味があっておもしろい。いじるって意味じゃなくて、やっぱりこの子おもしろかった！　と確認できて、指名したこっちも誇らしかった。

みんなとつるまないけど自分の世界がある子って、実は結構いる。本当に指名されたくない人と、そうでもない人の違いもなんとなく感じていたから、変な空気になったこともない。

ちなみに、女子にもモテていました。当時の小学校では交換ノートや手紙、シール交換みたいなことが流行《はや》っていて、一緒にやろうって誘ってくれた子たちと交流してましたね。

だからオレ、手紙とか折るの、めっちゃ上手いんです。

ファンの人に手紙を渡すと、「なんでこんな折り方知ってるの!?」って驚かれるんだけど、それは小学校時代に女の子たちとやりとりしていたから。女の子からもらう手紙がキレイに折られているから、「ちょっとこれオレもやりたいんだけど」って教わりながら一緒に折っていたんだよね。

女子とのトークの内容は、主に恋バナです。好きな人とかも聞かれたけど、なんとなく、にごした返事をしていた。

自分がモテていることが分かっていたし、小学生の頃はモテている自分が心地よかったから、両思いになることはむしろ避けたくて。誰かと両思いになったら、オレのことを好きになってくれる人が減ってしまう！ってね（笑）。

女の子のほうがトレンドを取り入れるのが早いし、小学校の頃はそういう女子の文化に興味津々だったな。キラキラした鉛筆とか匂いつきの消しゴムとか、オレはめっちゃかわいいと思っていたけど、他のメンズは全然その辺に興味を示さない。なんでだろう？　って不思議に思っていた。

「まんべんなく誰とでも仲よく」の弊害として、女の子と仲よくしていると男子にいろいろ言われがちっていうのがある。

それで変に浮いたり、こじれたりするのも嫌だったから、オレは男子と女子、両方とバランスよくつるむようにしていた。転校生だったし、途中参入で浮くのはヤバいぞっていう意識が頭にあったから。女子の均衡を崩すクラッシャーにもなっていない……はず（笑）。

女子と仲よくしていて、男子に「あいつさ〜」って言われている男子も実際にいたけど、その子はいかにも「女子と遊んでます」感が出ちゃっていたんだと思う。要はバランスだから、同じくらい男子ともワイワイしていれば、悪目立ちはしない。

オレは男子のジャイアン的な存在の子とも、「なんならオレ、お前の上行っちゃうけど!?」くらいの勢いで対等に接していたら、意外と気に入られた。

そして、どんな相手に対しても、妬み、そねみといった**人のマイナスな感情は極力、刺激しない**ように。このマインドでやってきたせいか、いじめを受けたことは一度もないよ。

優しい忖度はいらない

自分の存在はそこまで大きくない

オレは自由で気分屋に見えるかもしれないけど、自分的にはちゃんと理由があって動いている。

基本、人が絡むときは最低限、迷惑をかけないよう気をつけています。その場の思いつきで好きなように行動するのは、一人でいるときや、本当に気心知れた友達と一緒のときに限る。

まぁ、バイトは初日にやめたりしていますけどね。

オレ的に、ヤバい場所から去るのは一秒でも早いほうがいいと思ったし、仕事を教えてもいないバイトがいなくなっても、それほど迷惑はかからないだろうという判断でした。

いや、多少は迷惑をかけたかもしれません。この場を借りてお詫《わ》びします。

自分の感情を優先するか、及ぼすかもしれない影響を優先して自分を抑えるか。この辺の判断は本当に人それぞれだと思うけど、オレは、**自分をそこまで重要な人間だと思っていない**ところがあって。都合よく考えていると言われたら、それまでだけど。

「もし自分がいなくなったら困るだろう」と考えてとどまるのは、その人の優しさであり、責任感があるということ。だけど、そんな責任感で自分を押し殺してしまい、身動きが取れなくなっている人には、はっきり言っておく。

あなたの存在ってそんなに大きい？

自己肯定感を下げろって言っているわけじゃないよ。

自分のしたいように行動したとしても、自分なりに正当な理由があって仕事を急にやめたとしても、意外となんとかなるから大丈夫だよって話ね。

あなたがいなくなっても、なんとかその場は回るし、店は営業できるし、一人減った分、最初は大変かもしれないけど、すぐにそれが通常になる。

「自分一人いなくなったところで、地球は変わらず回るんだ！」くらいの気持ちで、たまには自分を優先して、生きたいように生きてみてはどうでしょうか。

いっそルールを破ってアクションを起こす

その日の話題と人気をかっさらう方法

人が集まる場には、ルールというものが存在する。
学校にも、規律を守るための決め事、校則がいろいろあるよね。

それをね、ちょっと破ってみるのはどうかなっていう。
もちろん、人に迷惑をかけるような犯罪は絶対しないほうがいい。形骸化した、できるだけ人が不快にならないルールを狙おう。授業中にこっそり手紙を回すとか、学校でお菓子を配るとか。

大胆に、大きくルール違反をすると、親が呼び出されたりして罰則がキツいから、ちょっと注意されるくらいで済むレベルを狙っていくのがコツ。

なんて言いつつも、昔から毎日そんな意識で学校に行っていたわけじゃない。自分では全然意識していなかったのに、友達から「お前、こんなことやってたよな！」って指摘されることが結構あって、ナチュラルにいろいろとやらかしてたっぽいんだよね。

オレは退屈が何よりも苦手だから、自らその場が楽しくなるようなことをしかけていくタイプだった。夏休みの宿題で目立つやつさえやっておけば、多少抜けがあっても許されていたっていうのと逆パターン。

大きなやらかしさえしなければ、そこまで怒られずに済む。ルール破り自体が目的じゃなくて、楽しくなっちゃって破っちゃいました、みたいなノリ。まったく叱られずに済むってわけじゃないんだけど、嫌な怒られ方はしないから空気も気分も悪くはならない。

むしろ、怒られることで人と仲よくなれたりするんだよ。オレは自分のダメさ、怒られ具合をプラスに転じさせて生きてきた男ですらある。

高校で寮生活を始めた頃もそうだった。とにかくルール、規則が厳しいわけですよ。ものすごい数の学生が寮生活を送っているわけで、秩序を守るために細かい決め事があった。まぁ、社会人として当たり前の話なんだけどね。


それこそ、ゴミの分別とか。あえて破ろうとしたわけじゃないけど、すぐ忘れて、やらかしちゃって。「これ捨てたの誰だ?」って、他の部活の先輩から指摘される。そろ〜っと、「あ、それマジ僕なんスよ」みたいに手を挙げてテヘペロって自首すると、「ちゃんとしろよ(笑)」って軽く注意されて、そこから距離が近くなったことが何度もあった。

一度仲よくなっておくと、他でちょっとやらかしちゃったときも、「またお前だろ!?(笑)」「ちゃんとせぇよ!」ってちょっとしたコミュニケーションになる。


ルール破りはよくないことだし、人に迷惑がかかるようなことはしないほうが絶対にいい。その見極めは大事だし、自分が生きる上で決めたマイルールはきっちり守るんだけど、何にでも例外はある。

秩序を乱したり、悪い影響を生み出したりすることなく、「笑いが起きる」「場が盛り上がる」「交流につながる」という流れが見えている時と場合に限り、破ることがあってもいい。

そういう絶好のタイミングのときはむしろ、破りに行く。

叱る＝ツッコミという拡大解釈により、**ボケになるやらかしに限り許される**、というのがあおば流の解釈。


先輩に対して、たまにわざとタメ口になるのも、叱られ待ち、ツッコミ待ちの後輩力のなせる技。先輩もね、なんかツッコみながら嬉しそうだったりするから。もちろん、人を見てやっているけどね。

真面目すぎて、融通の利かないタイプの先輩や先生には、しかけたらダメ。そういうタイプの人を否定するわけじゃなくて、あくまでも相性の問題として。


というわけで、オレは怒られ上手な後輩というポジションは肌に合っていたけど、しつけ上手な先輩にはなれなかった。後輩にはどう接していいのか分からなかったから、無理して先輩ヅラもしなかった。まぁ、学年が上がるとルールも破りにくくなったしね（笑）。

退屈な時間にも学びはある

ヒントがあるなら取りに行っとこうぜ

いわゆる〝勉強〟はできないし苦手だけど、学ぶことは好きだ。

学校で習う勉強は、必要なことが詰め込まれたカリキュラムとして用意されたものだからか、オレはとにかく覚えが悪く、成績もひどかった。

動画で「公務員になりたい」とか言っているくせに、資格取得の勉強もしたことがないし、職業に関する知識も得てこなかった。

そういう勉強は不得意だったけど、人との関わりから学ぶことは好きなほうで。

別に、「オレの毎日は刺激にあふれているぜ！」というわけじゃない。

みんなと同じ普通の日々をまったり過ごしているし、人間関係だってそう。いつも楽しく愉快に暮らしているわけじゃない。

飲み会に行っても「つまんないな」って寝そうになることだってある。

でも、そこで「つまんねぇ」「早く帰りてぇ」って気分を噛《か》み締めながら過ごすのはもっとつまらないことだし、つまらないと思う時間がさらに長く感じてしまう。

一応、最初の5分とかで得られるものを探そうとするんだけどね。何かいいところはないか！　って。

そのうちに、「こういう話し方をしたら、聞いているほうは飽きるんだな」とか、「こういうネタは知らない人に言っても響かねえな」「全然結論が出ねえな」「しゃべり方も遅《おせ》えな」といった、ダメなポイントやつまらないと思わせる原因が見えてくる。

時間を無駄にしたと思うような場だったとしても、それはそれでダメなところが学べる場になるんだよね。

もちろん、一番いいのは「つまらない」なんて1ミリも感じさせない、「楽しい」

「おもしろい」しかない場だし、オレもおもしろくない話を聞いていたいわけじゃない。本心としては「早く帰りたい」なのは変わらない（笑）。

でもそれが叶《かな》わないなら、何かしら得ようとするしかないよね。

そこにいる相手や空気が自分に合わないとしても、そこはこっちの力で変えることができない。だったら、**自分の意識や姿勢で、なんとかプラスに持っていく**しかない。

とはいえ、「学ばなきゃ」っていう意識はあんまりない。新しいことに触れられるから、おもしろくなるヒントがある気がするから、積極的に取りに行こうぜ！みたいな感じ。

この場をなんとかしのぐために、自分のプラスに、生きるヒントにしちゃうしかないから、オレはそういう意識で乗り切るようにしているかな。

帰ってもいいなら普通に帰りたいし、退屈でキツ〜って思っている自分とのせめぎ合いだけど（笑）。最低限何かしらは吸収できていると思えば、悪態をつかずに座っていられる。

意外とその辺は空気を読んで、空気を乱さないように、表面を取り繕って。自由に見えても基本、平和主義なんでね。

似たようなマインドで、アンチもエンタメに昇華したいと思っている。オレはなんにもしてないのに、SNSのDMに男から「彼女があおばのこと好きなんだけど」みたいな文句がよく届くんですよね。もっとひどい言葉が送られてくることもある。でもそんなにダメージは受けない。むしろオレは全部読んでいます。

そういう人たちのプロフィールに飛んだら10代なんだろうなっていうのが分かるから、注目してほしいのかな？　構ってほしいのかな？　かわいいなって思います。いなしモードですね。

たまに、アンチからのコメントをそのままスクショしてストーリーに投稿することも。エンタメとしてみんなに笑ってもらえるかたちにできたら、それでいいかなと思っています。

簡単に信用しないから、キャラはよく変わる

防衛本能強めで裏切りを徹底回避

コミュ力高そうって言われるけど、どうなんすかね。自分では、そこまで高いとは思っていなくて。後輩力は高いけど。というのも、その場を支配するタイプじゃないから。よく話題の真ん中にいるような人っているけど、オレはそういう感じじゃないんだよね。ガンガンしゃべる人がいたら黙ってしまうほうだし。

人と交流するのは好きだけど、他人をあまり信用していない。「疑い」をベース

に対応するのがデフォルトになっている。


動画で発信しているときは好きにしゃべって自由にやっているから、割と普段の自分で、キャラを作るとかはない。

ただ、対人となると、その場その場で違う自分になっている。

その空間がおもしろいのが一番だから、**みんなが「楽しかった」と感じて解散するのが最終目的**だと思っていて、状況によって自然に違うキャラになる。

決まったキャラを作っている意識がないのは、自分がどう思われるか、どう思われたいかを全然考えていないから。嫌われたくないとか、好かれたい、いい印象を残したいっていうのではなく、あくまでも場の空気を優先した結果、**その場にふさわしい"今日のあおば"**になっている。

「今日のメンツはこんな感じだから、じゃあ自分の役割はここだな」と自然にスイッチが入るから、すごく無理をしているわけでもない。

表面上で上手くやることを優先しているから、深い会話ができないのが悩みといえば、悩みかな。打ち解けるために先手を打って、ある程度の自己開示はするんだけど。

だから軽く挨拶を交わす程度の〝よっ友〟は増える一方で、親友レベルの人はなかなかできない。その場は、すごく楽しい時間を過ごせるんだけどね。そういうふうになるよう、演じているから。

でもオレだけじゃなくて、みんなそうなんじゃないかって思っている。飲みの場で話していても、冗談を上手く言うとか、かわす、いなすのが上手い姿を見ると、ああこの人も演じているんだろうなって思う。

相手もそう簡単に自分のことは信用しないだろうし、こっちも相手の言うことを100%真に受けないつもりでいる。社交辞令なのか、本当にそう思っているかのラインはさすがに分からないし、とりあえず、「全部信じない」ほうを採用しているってだけ。

分からないから「いったん全部信じる」という人もいるだろうけど、オレはそっちじゃないんだよね。

たぶんね、傷つきたくないんだと思う。

嫌われるのは怖くないけど、裏切られるのは怖い。

嘘《うそ》をつかれたり、裏切られたりしたら、それなりにショックを受ける。

「いや、そういうつもりじゃなかったんだけど」って言われたとしたら、こっちの受け取り方の問題だと自分を責めるかもしれないし、なんなら、ショックで落ち込んで停滞している時間がもったいないとすら思う。

信用しないっていうと、なんか病んでいるように捉えられそうだけど、相手が話すことを真に受けない、重く受け止めないってこと。

もう誰も信じられない！　ってめちゃくちゃ心を閉ざしているわけじゃなくて、ナチュラルに身についた危機回避。

信じられる人が皆無ってわけじゃない。

そのトップが家族で、友人でも信じられる人はいる。家族以外はやっぱり、時間がかかることが多い。

でも時間じゃないこともあるんだよなぁ。本当に、場面、場面の感覚で生きているなぁって思う。すぐに信用するときも、少ないけどあるといえばある。

ちなみに、「信じて」「信用して」とか言うやつは全然信用できない。そういうムーブかまされると、逆にこいつ怪しいなってガードを固めるね。

つながりを求めるより、出会いの縁に感謝する

自分から取りに行くのは性に合わない

人生はエンカウントによって学ぶ場ではあるけれど、自分から人脈を広げようとして動くことは、実はあんまりしていない。

つかみに行くというよりは、縁があって仕事になったり、やりたいことにつながったりしたらラッキー、くらいの感覚がオレにはちょうどいい。

自分から広げに行く、つなげに行くのも大事だけど、すべては「縁」だから。

何もやらずにそういう結論にたどり着いたわけじゃなくて、実際に取りに行こう

と、がっついていた時期もありました。

大学時代、大阪にいる頃は「自分も興味あるんで」とか「紹介してください」って、人脈広げる系の飲みの場にも行ってみた。ワンチャン、仕事につながるコネとか拾えるんじゃないかなって。

でもやればやるほど消耗していって、そうやって出会う場や人は自分には合ってないなと分かってきた。

セミナー的な場にも参加してみたけど、普通に考えたら知っているようなことを、それらしくアピールしているだけだなっていうのが分かってくる。素直に信じたらまんまと釣られるんじゃね？　って。

おもしろくない、つまらないってことが分かったという面では、行動しておいてよかったと思う。ザッツ・エンカウント。

で、あんまりガツガツ求めなくなったら、自然と声がかかるようになった。**下心なく自分の好きなものに向き合っていたら、縁が生まれていく。**

縁をつかもうと躍起になるより、生まれるときは生まれるし、生まれないときは生まれない。**いい縁ができたときは、幸運だったと素直に感謝して喜ぶだけ。**

いろいろあがいた結果、そういう境地にたどり着いたわ。

お金の話をしたらゲームオーバー

金銭によって人間関係は簡単に崩壊する

「口は禍《わざわい》の門《かど》」というけど、お金の話はその最たるものだと思っている。
地元とか学生時代の友達と飲む場だと、仕事の話になることが多い。
働き出して間もないから、よくある話のネタだけど、そこから収入の話になり、
みんな給料をいくらもらっているのか、素直に言っちゃっている。
オレも聞かれるけど、いつも適当ににごしているんだよね。
お金の話は友達としない、というのがオレのポリシーだから。
どんなに仲がよくても、心を許していても、そこだけは絶対に晒さない。

動画の撮影に関して、最初は一人で撮って編集して上げていたけど、やっぱりセルフだと限界があって、友達に無償で撮影をお願いするようになった。

無償で頼まないで、ちゃんとお礼をすればいいじゃないか、って声もある。

でもオレは、友達なのにお金を払うのってどうなんだろう？　と思ってしまう。ご飯や飲みを奢《おご》るとしても、そういうのってクセになるというか、手伝ったらごちそうしてもらえるというマインドが生まれがちだし。

人ってそういうものだから。誰がっていうのじゃなくてね。

おいしいから手伝うっていう思考回路だと、いいものは生まれないと思っているんだよね。

そういう信念があるとしても、人に無償でお願いしてやってもらうのは申し訳ない気持ちになる。人に頼むのが心苦しくて、それで続けられなくなってやめていった友人も結構いる。

撮影も編集も、好きでやっていることだから映像的に凝りたくなるし、自分なりのこだわりも出てくる。

撮影してくれる人にも、こうして、ああしてとディレクションしたくなるし、何回も撮影したくなるけど、熱量が違うからなかなか言いづらい。ボランティアで協力してもらっているし、時間を割いてもらって申し訳ないなっていう気持ちとのせめぎ合いになる。上手い落としどころは、今も模索中。

これまでも手伝ってくれた人には、「ありがとう」とお礼を言って、金銭など渡さないでやってきた。見返りを求めるのは全然おかしなことじゃないけど、オレはそういうやり方はしたくないってだけ。

そんなの気にせず厚意で手伝ってくれる友人には、本当に感謝しかない。

人間関係は金銭が絡むとおかしくなるっていうのは、もうずっと前から思っていた。何か決定的なことがあったとかじゃなくて、自分の中の確信として、「人はお金で変わるものだ」っていうのがあっただけ。

オレが今やっているようなインフルエンサーの仕事は、自由に、好きなことをやっているように見えるからこそ、それで生活しているのをおもしろく思わない人もいるかもしれない。

今はそんなふうに思っていないとしても、例えば自分が苦しい状況になったとき、人間というのは上手くいっている人を羨んだり、妬んだりという感情が生まれるもの。何度も言うけど、自分自身も含めて、人っていうのはそういうものだからだ。

だから絶対に、リアルな生々しいお金の話はしない。こちらから聞けば、聞き返されるから、自分から話題に出さない。

自慢めいたことを言いふらして、それで終了していったアカウントが数え切れないくらいあるのも知っている。

浮き沈みの激しい界隈だし、**調子のいいときがあっても金銭感覚は絶対にバグらせない。**オレのそんな変化、誰も求めてないでしょ!?

収入や生活費の話をするのは家族とだけ。

金額が多くても少なくても余計な比較の対象になるから、そもそもそんな対戦リングにすら上がりたくない。人の収入だってどうでもいい。

大切な関係を壊したくないから、このポリシーは死ぬまで守っていくつもりだ。

FIGHT WITH YOURSELF AND FIND YOUR WEAPONS

CHAPTER.3

自分と戦って
武器を見つける

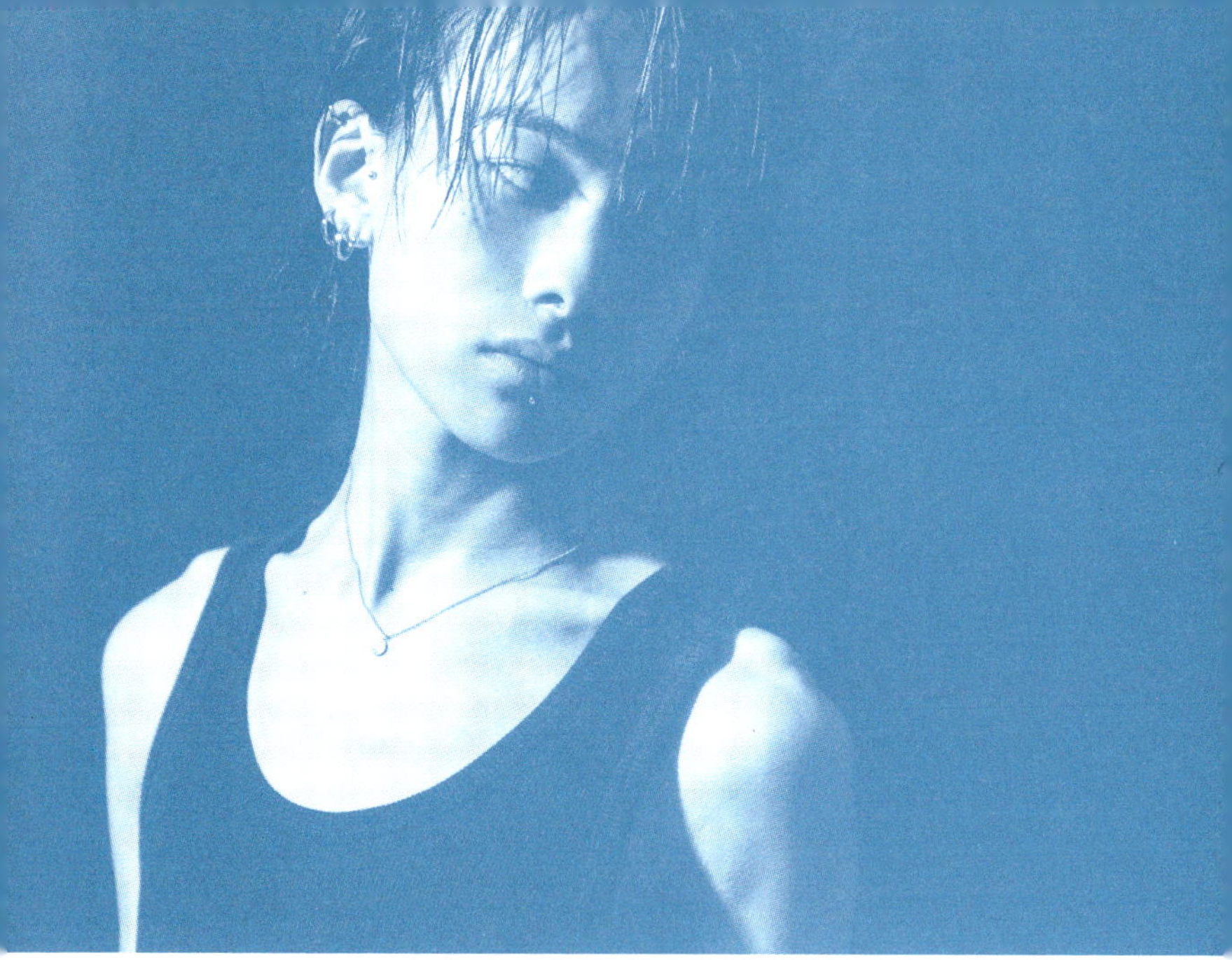

AONISAI NO MAMA IKITEIKU KOTONISHITA

いなしスキルでストレスをスルーする

見えないものに振り回されないマインド

昔、「ストレスって何か分かる？」って母親に聞いたことがある。

「そんなん、分かるか！　あるんだったら持ってきてみぃや！」って返ってきて、そう言われたら、確かに持っていけないわって不思議と納得した。

成長するに従って耳にするようになったワードだったんだろうな。

ストレスだ、ストレスになる、ストレスが溜《た》まる……みたいな口癖を聞いて、それは一体どういうことなのだろうかと疑問に思った。

ピンと来ないということは、つまりオレはそれほどストレスを感じていないということになる。

つまらない飲み会に多少我慢して付き合ったとしても、それがストレスだとはあんまり思わない。みんなストレスとか言うけど、母が言うように目に見えないものだしな……って。

周りの話を聞いて想像力を巡らせてみて、どうやら居心地の悪さ、不快感、重圧など、苦しいと感じるときが多ければ多いほど、人はストレスを感じやすいのだということは分かってきた。

要するに、嫌だなって思うこと。

オレにとって嫌なことは、締め切りだとか、苦手な人やはじめましての人と会わないといけないとか、理不尽なことで怒られるとか、圧迫面接とか、人前で話す緊張感とか。

顔にニキビができた、お腹空《なかす》いた、帰りたいのに帰れない、終電を逃しちゃって始発まで待たなきゃいけない、食べすぎちゃった、とかも？

ぎゅうぎゅう詰めの電車も嫌いだ。

人間関係でいえば、自慢話が多いとか、自分のことばかりで人の話を聞かないとか、オチがなくて話が長いとか。

ストレスの要因をパッと考えてみたけど、どれもそこまでストレスじゃないなって結論に行き着いた。改めて思い返そうとしなければ忘れてしまうようなことばかりだし、たいしておもしろいストレス要因もなかった。

語ろうとしてもすぐにパッと出てこない、忘れているってことは、普段からストレスとして受け止めていないからなんじゃないか。

人の話を聞いていて、「こういうのがホント、ストレスで〜」とか言われたら、なるほど、確かに、とは思う。

でも、「で、お前は何かないの？　ストレス」って言われたとしても、すぐに返せない。

オレはこれがストレスなんだ！　と宣言できるほどのことがない。だから病むこともない。

予想していなかったような嫌なことが自分の身に降りかかったとしても、それも含めてのエンカウントだから。いちいちストレスって捉えていたら、そんなの生きづらくないか？　と思ってしまう。

嫌なことにストレスって名前をつけると重くなるから、オレは見て見ぬふりじゃないけど、**適当にいなして生きてきた**みたいだ。


いちいち「楽しくない」「つまらない」「辛い」「ストレスだ」ってカテゴライズして捉える人は、きっと真面目で、ちゃんとしている人なんだと思う。

オレみたいに適当なのはあんまり印象よくないかもしれないけど、**正面から捉えずにいなしていくクセをつけたら、きっとラクになる。**

なんであの人はあんな態度を取るんだろう、どうして人の気持ちを考えないんだろう、なんて、いつもいつも真剣に受け止めなくていいんだよ。

「あ〜はいはい、そういう感じね」って。適当にいなしていこう。オレみたいに。


本当にヤバい、自分と合わないと感じたら、オレはさっさとその状況から逃げるからね。そこで逃げるのは悪いことでも、恥ずかしいことでもない。

守るべきは自分だから。

だからみんな、今日から適当にいなして生きていこうぜ！

制限があるから刺激が生まれる

不自由な中で見つける自由を楽しもう

自由だねってよく言われるけど、自由って何？　って思う。

自由＝楽しいってイメージがあるかもしれないけど、オレが人生で一番ってくらい楽しかったのは、今思えば制限だらけの寮生活だったよ。

高校生が一箇所に集められて集団生活をするわけだから、当然、いくつも規則が定められている。門限とかね。

平日は朝から晩まで、夜の9時まで練習だから遊びになんて行けないし、土日の門限は7時半だったから、夕方には「帰らなきゃ！」ってなる。

なにしろ点呼があるもんで。

女の子と夜遊びなんて不可能なわけです。遊びに行くとしても、昼間に地元の商業施設に行くくらいだった。


窮屈そうって思う方もいるでしょうが、オレはこの管理下で楽しむことにおもしろさを見出《みいだ》すようになった。


どこまでなら先生に怒られないのか。

どのあたりまでならサボっていると思われないか。


きっちり守るところと、ちょっと気を抜くところとを見極めるというか。先生たちも「何一つ見逃してなるものか！」なんて、ずっと気合い入れていたら持たないっしょ。

ルールは守るためではなく、破っても許されるギリギリのラインを探るためにあるんですよ。

練習、授業、練習と、同じような毎日だけど、小さな刺激がいっぱいあった。練習が厳しくて、疲労しまくりだけど、それでも夜に友達の部屋に行くのはワクワクした。

本当は行き来しちゃいけないし、ゲーム機もテレビも持ち込んじゃいけないんだけど、みんなこっそりやっていた。バレないように遊ぶっていう、そのスリルに心躍った。

そんな寮生活が楽しすぎたせいか、大学生になったら一気につまらなくなった。

大学生って超自由でしょ。

何時に起きても寝てもいいし、食事時間も何をするにも自分次第。授業がある日はできるだけ起きて学校に行っていたけど、寮生活に比べて制限がなさすぎた。

そのときに思ったんだよね。

不自由なほうがおもしろいってどういうことだよ！　って。

人間は制約があるから工夫するし、それが刺激になって奮闘する。

要するに、縛りプレイってこと。

オレはこの縛りプレイのほうが好きみたいだ。

縛りがキツすぎると身動き取れなくなるだろうけど、テニスのおかげでほどよい縛りには耐性ができている。あくまでも、自分が望んで入った環境での縛りに限るけど。

一人暮らしをするにしても、限られた予算内に収めないといけないから、立地、家賃、間取り、設備など自分の中で優先順位を決めて絞っていくことになる。そんなの気にせずに好きなところに住めるようになれるのが一番いいけど、きっとその欲には天井がない。

他にも、例えばアパレルで服を作るときにはまず設定した予算があって、その範囲内に収めないといけない。好きに作って製作費がかさんで、単価が高くなったら手に取る人が少なくなってしまうから。

人生に制約はつきものだから、その条件下でいかに自分にとってベストな選択をするかに集中したほうがいい。

ただ現状に嘆いているだけじゃ何も変わらないし、一歩も進めない。愚痴り続けることは、思考停止でその場で足踏みしているようなもんだよ。

とはいえ、望んでいない環境での縛りは地獄でしかないから、「自分が縛りプレイを楽しむのはここじゃない」と感じたら、戦うフィールドを変えよう。

ただの我慢なのか、楽しめる我慢なのか。

窮屈に感じたときは、いったん自問自答してみたらどうかな。

認めてくれる人はたった一人でもいい

「一つも武器がない」って自己評価低すぎぎん？

うちの母親はとにかく明るい。必ずみんなの中心にいて、笑ってしゃべって盛り上げているタイプ。

オレがあんまり物事を深刻に捉えないようになったのは、母親の影響も大きいと思う。父親は静かで落ち着いているから、オレのキャラは確実に母親譲りだ。

話は遡《さかのぼ》ること小学校時代。東京にいたときだから、小学1年か2年の頃。

オレは昔からアホだったから、ランドセルを背負わずに学校に行っちゃったことも、学校にランドセルを忘れて帰宅したこともある。

ある日、自分がランドセルを忘れたことに気づいて、さすがにまずいと思って恐る恐る母に打ち明けた。

絶対怒られると思って、「ランドセル忘れちゃった。ごめんなさい……」って、小学生なりに反省した顔で言ったら、うちの母親はゲラゲラ笑い転げていた。「何しとんねん、大事な商売道具やで！」って返されて、つられてこっちも笑っちゃって。一緒に学校まで取りに行って、担任の先生に「うちの子、ランドセル忘れたんですけど、ヤバいっすよね（笑）」ってネタっぽく話すから、先生も笑っていたな。

予想に反して全然怒られなかったもんだから、今後、もしなんか忘れたら、こういう感じでいけばいいのかって変な知恵がついたのも覚えている。

これもエンカウントからの学びだ。導いた答えが正しいかどうかはさておき。

小さい頃からアホなやらかしをたくさんしてきたけど、「だからお前はダメなんだ」って言われたことはない。でも、別に怒られないわけではない。

まず、成績が悪かったら小言を言われる。将来を心配しているからだと思うけど、「お前このままじゃヤバいから勉強せい」と怒られたことは何度もある。一日の勉強時間とか、ルールを作らされたことも。

あるテスト期間には、帰宅したら毎日3時間勉強しろと言われて、その通りに計画を立てて、自分なりに勉強したけど、成績は変わらなかった。

そこからはあんまり勉強、勉強って言われなくなった。

一度やってみて、それで無理ならしゃーないかって諦めたみたいだ。

中学から始めたテニスで結構いい線まで行ったからかもしれない。

オレが思うに、一個武器があれば、一つ何かで頑張っている姿勢が認められれば、人は苦手なことまで無理強いしてこないのかも、ということ。

親は、オレがテニスに熱中して、上手くなりたくて練習をするところをちゃんと見ていて、応援してくれた。

ちょっと遠いテニスクラブに所属したときは、送り迎えもしてくれた。

成績は相変わらず悪いままだったけど、まぁテニス頑張っているからいいか、って見逃してくれた。

だから安心してテニスに集中できた。


自分には武器になるものなんかないよっていう人、そんなのオレだってそうだ。当時もテニスが自分の武器だなんて思っていたわけじゃなくて、自分が一所懸命やっていたら、なんか親も応援してくれるし、認めてくれているなというのを肌で感じられただけ。

オレが細かいことで悩まず、ストレスというものに鈍感で、キャラ作りもそこそこに楽しくやれているのは、**そのままの生き方を認めてくれる人がずっと近くにいた**から。


学生時代は運動神経とか成績とか、まだ得意・不得意が分かりやすいけど、多様化している今、何が武器になるのか、そんな簡単には分からない。

あなたの周りにも、あなたの性格やビジュアル、活動や思想を褒めてくれたり、期待してくれたりする人がいたら、その人に感謝しつつ、褒められたポイントを自分の武器だと思って磨くのがいい。

長所になるような武器も、信じてくれる人も、別にたくさんなくていいんだよ。

一つあれば、一人いれば、それで十分。

オレはこういう土台があるからこそ、人と比べず、人の目を気にせず、好きにやれている。

……という前提のもとで、人はもっと上に行きたい、レベルアップしたいって思えるものじゃない？　次ページからはそんな話をしようかな。

魅力はいくらでも増やしていける

ピラミッドの底辺で満足？　やっぱ頂点目指したいよね

認めてくれる人が一人いればいい、武器は一つあればいい、と言ったけれど、一つだけでいい、とは思わない。

いくつもあったほうが、いろんな戦い方ができるし、楽しむことができる。

「魅力なんて何もないよ」という人に、一つは絶対あるよ、誰かが認めてくれているよ、って心の底から伝えておきたくて、前の話を書いた。

でも、オレはそこで終わらないよって話もしておく。

「家族ガチャ」ってよく言うよね。要するに、生まれながらにして、いろいろ備わっていて恵まれている人のこと。

世の中には、努力をする前から突出した才能やビジュアル、財力とか権力ってものを持ち合わせていて勝ち確みたいな人もいるけど、オレはそうじゃない。

だけど、それなりに自分の得意・不得意を自覚して、その時々に身につけた武器でなんとかこれまで生きてきた。

ピラミッドってあるでしょ？　オレは頂点を目指したいんです。

ピラミッドは上に行くほど少ない面積になっていく。その面積を人だと仮定すると、例えばテニスができる人、かつSNSでそれなりにフォロワーがいる人っていう感じで、経験で得た武器が増えるにつれて、その条件を全部持つ人の数が減っていって、人類の中でのランクが上がっていくイメージ。**いくつかの武器をかけ合わせて、自分だけの強さを追求していく**感じね。

自分に限らず、武器なんていくらでも増やしていけると思っている。ダンスができる、歌が上手い、字がキレイ、足が速い、友達を作るのが上手、しゃべりが得意、アニメや漫画の知識が豊富とか、節約スキルがあるとか、料理上手とか。自分で武器だと思えば、もうなんでもありなわけ。

一つのジャンルを極める頂点もあると思うけど、オレは**違うジャンルである程度の強みをいくつか持つほうが近道**に思える。

プロになれるレベルじゃなくても、得意なことが多いほどアドバンテージが増えて、複数できる人というのが絞られていく。武器が一つならライバルは多いかもしれないけど、いくつもあったら、それ全部得意なやつってそうそういないよな、ってなる。

人としてのレベルが高くなるんじゃないか、と思うわけですよ。**いろんな魅力が備わっている人ほど、唯一無二感が出る**から。

自分では底辺だと思っていたけど、実はそんなことないってこともあるし、結構上のほうかと思っていたら、そうでもなかったってこともある。もちろん、自分が今どの辺なのか、いちいち気にして生きているわけじゃない。ただ、一段でも上に、頂点を目指して上がっていきたいなっていう意識でいるよってこと。

かけ合わせる武器の選び方は、どこでどう戦うか、どう生きていくかにもよる。そこの選択を見誤ったら、元も子もない。人とのコミュニケーションが得意な人が事務職をやっても、身についた特技を活《い》かすことができない。逆もしかり。意外とここでは役に立たなかったなってこともあれば、自分では武器だと思っていなかったところが評価されることもある。

オレが勉強できなかったことも、学校ではただの劣等生だけど、エンタメのネタにすれば、誰かが楽しんでくれて一つの武器になるよね。

繰り返しになるけど、そこもやっぱり、エンカウントなんだよ。いろんなことにぶち当たって、吸収して、**「こんな経験あります」が武器になっていく。**長年やっている習い事やスキルがなくても、エピソード数を増やせば、細かい武器がどんどん、身についていく。

自分の意識次第、捉え方次第なところはあるけどね。

嫌な体験だったとしても、経験は経験。武器が増えると思えば少しはラクにならないかな。落ち込んだり、くよくよしたりする時間は少なくなると思うんだけど、どうでしょうか。

上手い人を目指す前に下を見て反面教師にする

悪い例を避けていたらフォロワーが増えた

大学時代、入部していたサークルからなぜか強制退会させられて、暇ができた。そこで、当時つるんでいた6人くらいの仲間内のノリで、ほぼ一斉にSNSをスタートした。その辺にいる普通の大学生のアカウントだから、本当にちょっとずつ、徐々にフォロワーが増えていった。

誰かが適当に投稿したやつがバズったときには、友達の間で「なんでお前だけバズるんだよ」みたいないなくだらない喧嘩が勃発していた。

そんな暇で平和なSNSライフが、意外にも楽しくなってきた。もっとやりたい、ちゃんとやりたいってなったのは、コメントが来るようになってから。素直に嬉しかったし、なんかイケんじゃね!? この世界でオレ結構来ちゃうんじゃね!? と思い上がっちゃってた（笑）。

オレたちの間では特大のバズりがあったわけじゃないけど、周りと一緒にやっていたから、だんだんそれぞれの上手い下手が分かってきた。

下手だなって思ったやつの投稿はこっそり反面教師にして、オレはやらんでおこうっていうのを意識するようになった。

こいつの動画はなんでおもんないんかな？ ってところから、アップや寄り引きのつなげ方がイマイチだなとか、ブレすぎて見づらいなとか、最初にそれ持ってきちゃうんだ!? とか。

プロフィールの投稿文から動画の撮り方、構成まで。違和感があるところ、ダメなところを自分なりに分解、分析して自分はその方法を避けるようにした。

そのうちに、人のダメなところを見つけるのがおもしろくなってしまい、周りがアップした動画を観るたびに「うわ、下手だな」「これは何が悪いんだ!?」とその原因を探るようになっていった。

友達ではありながら、投稿に関しては結構シビアに判断していたし、ぶっちゃけ、何も考えずに作っているな……という部分に関しては見下していた。表には絶対に出さないし、一度も口に出して言ったことはないけど、もしかしたら態度ににじみ出ちゃって、仲間からはちょっと嫌われていたかもしれない。

でも、ダメな動画を悪い見本として、「オレはこうしないようにしよう」って気をつけていったら、オレ一人だけバズることが増えてきたんだよね。

元々、そんなに凝った動画を撮っていたわけじゃないし、ＴｉｋＴｏｋも一発撮りばかり。編集ですごくいじったり、機材を揃《そろ》えて技術を向上させたりしてきたわけじゃない。

やたらと動画が長すぎたり、内輪ノリを垂れ流したり、同じシーンを何度もリピートしたりっていう、作っている側だけがおもしろいと思っていそうなことをしない。やったのはそれだけだったけど、なんかいい感じに伸びていった。

なぜバズったか自分なりに考えてみると、オレは、「もっと上手く見せよう」というより「下手にならんとこう」っていうマインドで投稿していたから。

上手い人はいくらでもいるし、上を見ればきりがない。始めたばかりですごい人たちを基準にしてしまったら、自分なんて無理だって諦めの気持ちのほうが強くなって、「適当でいいや」ってなっていた可能性もある。それよりは下を見て、質を落とさないように努力するほうが分かりやすいし、簡単だったんだよね。

事実、こういうやり方はダメなんだっていうのを一つひとつ潰していった先に、気づいたら自分らしさみたいなのができ上がっていた。

上を目指すパターンもありだし、むしろ向上心があって素晴らしいと思う。ただ、自分の場合はまず身近な人のダメなところが目についちゃったから、「こうはならないようにしよう」っていうやり方のほうが続けやすかっただけ。

完璧な状態とか、カッコよすぎる人を目標にしてしんどい人は、一度下を見て、反面教師にしてみるのもいいかもね。

人と比較してヘコまない理由

足りないのは伸びしろがあるってことだから

そういえば、オレってあんまり落ち込むことがない。
人はどんなときに落ち込むのか。
怒られたら？
フラれたら？
失敗してしまったら？
自分の無力さが身にしみて？
できない自分にヘコむとか？

どれも経験がないわけじゃないけど、立ち直りが秒レベルだから、落ち込んだ記憶が薄いんだろうな。

上京して事務所に所属してからは、活動の幅を広げるためにオーディションに参加することが増えた。

就活とかもそうだけど、オーディションというのは相手に選んでもらう場だから、いろんな人がエントリーしてくる。そりゃあもう、キラキラした強力な武器を携えた人がゴロゴロいる。

高身長でモデルもやっていて、ピアノもできてダンスもできる、みたいな。なんでもできるやん！　って人が普通に隣にいて、勝てる気なんてしないわけですよ。無理やん、オレなんて太刀打ちできんやんって思う。なんでもできていいな、羨ましいわっていう感情だって普通に湧くし、できない自分にヘコむこともある。

そういう場に行くことが増えたから、持っているものは多いほうがいいっていう意識がより強くなっていったんだけど。

オレが落ち込まないのは、落ち込むような目にあっていないからでは決してない。自分の無力さを感じる機会はむしろ増えてはいるんだけど、そこまで食らわないから、致命傷にはなっていないんだよね。

すごいやつとエンカウントしたとして、「でもあいつは、ここがダメだから」とアラ探しをすることもマジでない。普通にすげぇなというのは認めているし、比べることなくそのまま受け止めている。負け惜しみじゃなくてね。

それはその人の才能であって、努力してきた証《あかし》でもある。そういう人がいて、自分がそうじゃないからといって、しんどくなったりはしない。

自分がどんなに荒れても、やさぐれても、相手の能力も自分の能力も変わらない。だったら無意味じゃん。相手を変えることはできないんだし。

そういう人がいるっていうのは認めて、自分の道で頑張るしかないんだよ。

たまたま同じ場所でエンカウントしたけど、それまでは別々の道を歩いてきたわけだし、オレにはオレの、そいつにはそいつの道がある。

だったら、自分の歩む道をよくしていくほうがいい。他人の歩く道が完璧に整備されていて歩きやすそうだったとしても、人生丸ごとチェンジはできないから。

カッコいい人と出会って、「すごいな」と感心すると同時に、「オレはまだまだだな」となるわけだけど、むしろ「まだまだ」だから頑張れる。

すごいやつのいいところから真似できそうなところはして、情報もちゃっかりもらっちゃったりして、自分にプラスになるところは貪欲にいただきますよ。

部活時代もそうやって技術を盗んでいたし、負けたくないという気持ちが原動力になって練習しまくれたから、負けず嫌いっていうのもプラスに働くみたいだ。


あとは**1年前の自分と比べてみる**とかね。

1年前の自分からしたら、大学やめて、物件決めて上京して、新たなチャレンジをしている自分なんて想像もしていなかった。だいぶレベルアップしてるやん、オレ！　ってなるよ。

でもって、1年後の自分はもっとレベルアップしていたい。

すごいやつらに出会ったら、それをこれからレベルアップしていく未来の自分の養分にしていけばいいんだよ。

あっという間に時間は過ぎていくから、ヘコんでる暇があったら明日からまた頑張るためにパン食って寝ますわ。

自己プロデュースって何？表に出ている自分がすべて

「何も考えていない」こと自体がプロデュースなのかも

「自己プロデュース力」が大事だっていうじゃないですか。

アイドル、俳優など芸能人にしても、どういうイメージで売り出すかを考えるのは必須だし、表に出る人に限らず、キャラづけってどうしても出てくるわけで。人間は社会的な生き物ですからね。

SNSでフォロワーの多い人、インフルエンサーと呼ばれる人も、しっかりキャラを設定していたりする。表に出るとき、発信活動で見せるときの「自分」と、普段の「自分」とでキャラを分けている人もいたりして。

でもオレは最初にノリで始めたからか、いまだかつて、キャラを考えたことはない。いつもの自分で発信して、それをフォロワーさんたちが楽しんでくれた。練って作られたものが評価されたというよりは、なんとなくフィーリングが合ったから、ついてきてくれている感じ。

同じく発信活動をしている友達にしても、最初は特に気にしていなかったのに、フォロワーが増えるに従って、キャラ設定を作り始めたっていうパターンもある。「これだけ見られているんだから、ちゃんとしなきゃ！」っていう感じなのかな？

配信しているとき、画面越しでは言葉づかいまで変わる人もいますね。撮影部屋を作って、映るものすべてをかわいい系にするとか、ダークな感じにするとか。立ち居振る舞いもそのイメージに合わせたもので統一していたりする。普段はゆるい服ばっかり着ているけど、画面上ではキレイめ、とかね。

あくまでも例だけど、いろんな人から話を聞いたり、会ったり、見たりしていると、それぞれの自己プロデュースの仕方があっておもしろい。

何かしらビジネスをやっている人は、そのビジネスにつなげられるようにブランディングしていたり、イメージを壊さないように振る舞ったり、ちゃんと考えてやっているんだよね。

そういう人たちに比べると、自分にはこだわりがなさすぎる。

オレが自己プロデュース的なことをしないのは、普段からフォロワーの人に「そのときに感じたものを大事にしよう」「インスピレーションを大切に」って言っているせいもある。そのままのオレを見て、今のあおばはこんな感じかっていうのも感じ取れているだろうし、それでいいかなって。

何かビジネスを始めたとしたら変化していくかもしれないけど。今のところはそんな感じかな。

セルフプロデュースでキャラをしっかりと作り上げることはクリエイティブで素敵なことだけど、自分はそうじゃないってだけ。

人間なんで、好きなものは好きだし、飽きるときは飽きる。そこも直感に従って、気分の赴くまま、そのときの自分でやっている。

この先、方向性に変化が表れたとして、「あのとき、ああ言っていたのに」ってツッコまれても、瞬間を切り取られて後でなんやかんや言われても、別に気にしない。

ただし、自分一人じゃないプロジェクト、例えば今回みたいに本を出すとか、自分のブランドを出すとか、そういうことに関してはちゃんと考えてジャッジしている。そこはそんなに軽く考えてないからね。

実際、他の人の戦略には学びがたくさんある。なるほど、そういう考え方でフォロワーを想定して、ブランディングしているのかと。自分が同じ立場になったときの参考にもなるから興味深く見ているし、尊敬しているし、吸収する気持ちもある。

厳密にいったら、「裏も表もないあおば」っていうこと自体が、自己プロデュースになっているのかもしれないね。

完璧に計算ゼロかと言われると、そうとも言い切れない。「あんま気にしない」っていうキャラで浸透している意識はあるから。

適当そうで、意外と向上心も持ち合わせている。

そんな「あおば」でやっています（笑）。

SNSは支配されるものじゃなくて、楽しむもの

「いいね！」がついたらラッキーくらいの気持ちで

SNSを自分でやるようになったのは大学生からだけど、高校での寮生活時代に、友達の部屋に集まってくだらないことを動画に撮って編集するっていう遊びをやっていたから、ルーツは高校生の頃だと思う。

11月11日に、「ポッキー使ってなんかやろう、ポッキータワー作ろうぜ！」って流れで、オレは動画担当として撮影して編集していた。しょーもない案を出すのはいつも別のやつで、オレは記録係みたいな感じだった。

有名になりたい、じゃなくて、動画作り楽しそうっていうところからSNSの世界に入っているから、今も数字に関しては全然気にしていない。

自分がおもしろいと思って発信したことに対して、「いいね」とかコメントがついたらラッキー!　みたいなスタンスだ。

自分のことをおもしろいと思ってくれて、動画を楽しみにしてくれている存在ができて、それで生活ができている。本当にラッキー以外の何物でもない。

そもそも、お金を求めて始めたわけじゃないのに、仕事になったこと自体がラッキーすぎるんだよ。

だから、今よりもっとフォロワー数が増えたら、もっとお金になるかも、という思考にはならない。数字を増やそうという方向に意識が向いたら、きっと、今の楽しさがなくなってしまうのが分かるから。

「いいね」とコメントをもらうためにこれを着る、みたいなのもないし、軸はブレていないと思う。案件とかで欲を出したら歯止めが利かなくなるなっていうのが、なんとなく分かるんだよね。

そうならないよう自分を抑制しているというよりは、感覚で「そっち行ったらヤバい」っていう確信があるから、自然に避けているだけ。なんかこの道暗くてヤバいなって空気が漂っていたら、そっちに行きたくなくなるでしょ。

これも気みたいなもので、悪い気が感じられるところは本能が知らせてくれるから、オレはそれを信じている。

とはいえ、まったく視聴者を意識していないわけではなくて、需要的なものは把握するようにしているよ。自分がやりたいことをただ一方的にやっているわけじゃなくて、観てくれる人の存在は認識しないと、独りよがりになってしまうから。

やっぱね、需要を混ぜないと生きていけないんで。

発信するからには喜んでもらいたいんで！

お笑いやアイドルなんかもそうじゃない？　笑わせるために漫才やコントのネタを考えて、喜んでもらうためにパフォーマンス力を磨いているわけでしょ。

オレも発信する限りは動画もブラッシュアップしていきたいし、ウケるネタを上げたい気持ちはある。

ただ、お金を稼いだり承認欲求を満たしたりするために始めていないから、結果がついてきても、こなくても、それはどっちでもいいかなって。

考えるとしたら、あくまでも「喜んでもらうには」という方向だけ。

別に成り上がりたいとかそういうのもないし、高級な物もいらない。**自分のやりたいことができる環境にいられることが一番**だと思っていて、それを続けていられる自分の幸運にはいつも感謝している。

執着していないから、やめるときはパッとやめるだろうな。

お金のためじゃなく、やりたいからやるっていうスタンスを崩したくないから、生活も結構堅実だよ。自由でいるために、贅沢《ぜいたく》はせずに地味に庶民生活しています。

たまにしょーもない買い物はしてるけどね（笑）。

CHAPTER.4

やること・
やめることリスト

AONISAI NO MAMA IKITEIKU KOTONISHITA

あおば流、人生を楽しむマイルール20

CHAPTER・4はちょっと趣向を変えて、オレが軽やかに生きるために心がけていることをリスト形式にしてみる。

前半の10個は、積極的にやっていること。コミュニケーションのこととか、生活を楽しむためにこだわっていることとか、マインドの持ちようとかを集めてみた。

後半の10個は、やらないように意識していること。当たり前だと思うこともあるかもしれないけど、オレの性格がよく表れていると思う。

もしこれを読んでくれている人が内容を参考にするなら、特に後半の「しない」ことリストを試してみてほしい。この時代、ただでさえ情報過多なのに、新しい習慣を増やすのは限界がある。今のあなたから必要のないものを削《そ》いでいくほうがラクなんじゃないかな。

とはいえ、「やる」ことリストも簡単なことばかりだから、気が向いたらチャレンジしてほしい。

せっかく紙の本だから、ちぎって壁に貼ったり、達成したらチェックをつけたり、自由に使ってよ。

これまで話したことの総まとめにもなっているから、復習がてら読んでもらえたらと。言い方を変えつつ、結局伝えたいことの芯は同じだったりして、オレの軸がとことんブレていないことが伝わるといいな。

AOBA'S LIST ☑

01

意思表示として「ノー」はめっちゃ言う

受け入れられないことに対する「ノー」はしっかり伝えるようにしている。

例えば、美容院帰りの髪や商品などを、強引に「インスタに載せてよ」と言われたときは、「それって強制ですか？」と聞く。「いや、そういうわけじゃないけど」と返ってきたら「じゃあ、すみません」「今そういうの載せてないんです」ときっぱり断る。曖昧な返事をしたら了承したと思われるから、相手に伝わるように言うことが大事。

やりたくないこと、肯定できないことを無理にこなそうとすると、自分が安くなってしまう気がするんだよね。インフルエンサーとしても、イエスマンがおすすめするものって、軽いし入ってこない。むしろ、**普段「ノー」と言う人の提案のほうが信頼できる。**

断ったら悪いなって思うかもしれないけど、相手もそんなのいちいち覚えてないよ。何気ない会話なんて、1カ月前の夕飯のメニューと同じくらい、すぐに忘れるからね。

AOBA'S LIST ☑

02

リアクションは大きく

後輩力の高さでは定評のある私、あおばですが、その要因に「リアクションがデカい」というのがあります。

でね、これ、よくよく考えたら遺伝なんすよね。うちの母親の血を受け継いでいると思う。ナチュラル・ボーン・オーバーリアクション芸。というか、うちの一族、みんなそういとこたちもリアクションが異様にデカい。血筋なんで。

たいしておもしろくもないことにも、「うっひゃー!」って盛り上がっているから、「え、なんそれ?」って。なんでそんなリアクションになるのか、ツッコみたくなることも多々ある。でも、**反応や声を大きくするだけで、不思議と楽しくなってくる**んだよね。

会話が苦手な人は、味つけみたいにちょっとずつ、リアクションを盛っていってもいいかもよ?

AOBA'S LIST ☑

03

人に誘われたら積極的に参加する

どうしても仕事などの先約があるときは仕方がないけれど、基本的には人からのお誘いを断らないようにしている。

もちろん、相手が人間関係を損得で考える人で、利用しようと声をかけてきているように感じたら行かない。でも、純粋に自分と時間を過ごしたいと思ってくれている相手に対しては、ちゃんと応えたいって思う。

誘いを断らないというのは「後輩力」の一つで、面倒見のいい先輩にかわいがられることにもつながる。本当に仲のいい友達や先輩はそう多くないからこそ、せっかくの誘いは断りたくないんだよね。

既に関係性ができている相手に限らず、何にでもまずは足を運ぶことで、新たな人や場所と出会えて、知識も経験値も増えて、刺激的な日々を送れているよ。

AOBA'S LIST ☑

04

まずは自分からさらけ出す

人とのコミュニケーションはキャッチボール。ラリーが大事だから、相手の出方をうかがって様子見しているくらいなら、初対面でも自分からさらけ出していったほうがいい。先手必勝。いや、勝ち負けじゃないんだけど。

何をさらけ出すかというと、自分の弱みとかダメなところね。「オレ、そういうのダメなんすよね」「この間、こういう失敗しちゃって」「今ちょっと悩んでいることがあって」みたいな感じで、悩みや失敗談を軽くネタっぽく言っちゃう。こっちがぶっちゃけたら、相手も乗っかりやすくなるから。

楽しい時間を過ごそうと思ったら、最初に投げる球は受け取りやすく、返しやすい話題で。変化球を出そうなんて思わないほうがいい。マウントを取るターンも絶対にいらない。カッコつけず、気取らず。ゆるい自分をさらけ出していこう。

AOBA'S LIST

05

気持ちが動くものを買ってみる

衝動買いはそこまでしないんだけど、たまに「誰が買うんだよ！」っていう、しょーもないものを買うことがある。

原木の丸太を部屋に置いたり、ドイツ語のレシピ本をバラしてマーカーで色つけて壁に飾ったり。他にも、イタリアのランチョンマットやハンカチ、海外の花瓶やキーホルダーなど、実用性があるのかないのか分からないものを買うことも。

ホントに売れるの？　って思うような、誰も選ばなそうな雑貨が家にあると、なんか心が躍る。こう、ワクワクするんだよね。利便性とか存在価値とかに縛られず、ただ自分が楽しくなる買い物も、ときには必要だと思うんです。

一見無駄に見えるものも、買って終わりにせず、ちゃんと飾ったり使ったりしているのが、ある意味、あおば流〝丁寧な暮らし〟かな。

AOBA'S LIST ☑

06

欲しいものは自分で買う

当たり前じゃんって話だけど、これ意外と重要だなと。

物欲はね、普通にある。欲しいな、買いたいなと思うものもたくさんある。

だけど、ただ手に入ればそれでいいって感じでもない。

やっぱりさ、**自分が頑張った末に入手できるっていうところに意味がある**から、ラクしてまで欲しいっていう発想にはならないんだよね。

「棚からぼた餅」じゃないけど、なんの努力もせずに簡単に自分のものになったら、達成感もないし、手に入れた物の価値が変わるような気がする。金額的な価値じゃなくて、自分にとっての価値。

その物が欲しいってだけじゃなくて、**手に入れるまでの過程も重視**したい。

やっぱオレにとって大事なのって、「行動」と「経験」なんだよ。

AOBA'S LIST ☑

07

外に出て、おじさん、おばさんを観察

家でじっとしているのが苦手。家は家で掃除したり洋服の整理をしたりして居心地よく整えているんだけど、刺激がない。映画やドラマを観ても没頭できないから、オレにとっては退屈な時間になってしまう。だったら外に出て、見知らぬおじさん、おばさんを見ているほうが楽しい。公園でストレッチしているな〜とか、同世代とは違う行動をしているのが、すごくおもしろい。同世代だとなんとなく想像がつくけど、年が離れている人の行動は想定の範囲外なことが多い。例えば、服装も親世代以上の人の発想がオレにヒントを与えてくれる。スラックスにテニスシューズを合わせるんだ！　とか、コーディネートを考えずに、家にあるものを組み合わせている感じがいい。バカにしているとかじゃなくて、セオリー通りじゃないところが逆に新鮮で、オシャレに感じることもあるんだよね。

要は人間観察ってこと。**普段接さない人を眺めるとインスピレーションが湧いてくる。**

AOBA'S LIST ☑

08

頑張るのは最初だけ

高校には中学時代の友達がいたけど、大学に入ったときは完全に一人で、知り合いは誰もいなかった。

そういうはじめましての場では、**最初だけ頑張って、めちゃくちゃ動く**ようにしている。クラス内で4人組になって代表の一人が発表するっていう授業でも、「オレやるよ」って積極的に手を挙げた。飲み会とかも、最初だけは出しゃばってみんなの分をオーダーしたり、いろいろ気を配ったりして場を盛り上げていた。

友達を作るときも、最初は「ウィ〜！」ってテンション高めで相手の懐に入り、慣れてきたら省エネになるパターンが多い。「楽しいやつだな」「いいやつだな」っていうファーストインプレッションを残せたら、普段の自分のテンションに戻っても最初の印象が続く。**はじめよければすべてよし。**ずっとフルスロットルだと疲れちゃうからね。

AOBA'S LIST ☑

09

停滞しているときは大きなことを先に決める

迷ったら直感に頼るのがオレのやり方だけど、同時多発的に決めなければいけないことが出現するときってあるよね。どこから手をつけたらいいのか……ってくらい問題が山積みなとき。無意識に先延ばしにしていた結果、悲惨な状態になっていることもある。

そんなときは、一番大事なことだけをまず決めるようにしている。

単位が足りないと分かったときも、まず大学をやめるか、留年するかを決断した。やめると決めたらオレの中では上京するしかないから、東京で物件を探そう、と次の行動に移れる。複数の悩みを並べて同時にグズグズしていたら、何も進まないまま時間だけが過ぎていってしまう。

簡単なことから決めていく方法もある。ただ、枝葉の部分をいくらクリアしても、根本的な問題解決にならないこともあるから、デカい山から攻略するのがおすすめだよ。

AOBA'S LIST ☑

10

限界まで、やるだけやってみる

限界まで頑張ったと自分で自分を認められたら、やめても後悔は生まれない。

オレの場合はテニスがそうだった。中学から高校にかけて、朝から晩まで練習して、365日テニス漬けだった。ここまでやって上手くならなかったら、これが自分の限界なんだっていうところまでやり切った。

プロにはなれないという自分の限界は意外と冷静に受け止められた。10代の自分にはテニスがすべてだったけど、それが終わってからも人生は続いているし、また別の楽しいことと、全力で取り組めることが出てきたからね。

終わりもいっそ清々《すがすが》しい。**やり切ったという思いがあれば、「もっとああしていれば」っていう後悔も自分への言い訳もまったく出ない。**自分なりに全力を出した上で無理だと思うことがあれば、誰がなんと言おうと、そこで終えていいんだよ。

AOBA'S LIST ☑

11

言い訳はしない

小言を言われる。怒られる。誤りを指摘される。どれも気持ちのいいもんじゃない。だけど基本、言い訳はしないことにしている。

昔はイラッとしたら言い返すこともあったけど、それってあんまり意味ないなって気づいたんだよね。自分が間違っていたと納得したら素直に謝ればいい。逆に自分は悪くないなと思ったとしても、言い訳したところで、状況や空気がよくなるとは思えないから、のみ込んで終わりにする。

偉そうに何か言いたいだけの小言とか、ストレスのはけ口としての説教は、聞いているふりをして、頭では別のことを考えながら、完全スルーを決め込んでいる。言い返すにもパワーがいるから、貴重なエネルギーを使うのはもったいない。華麗にスルーして体力を温存して、どこか別のところで有意義に使ったほうがエコですよ。

AOBA'S LIST ☑

12

リーダーにはならない

中学生のときは学級委員とかもやって、リーダーっぽいポジションにいたけど、今は全然そうじゃなくなった。リーダーの4つ隣くらいにいるのがちょうどいい。

部活でも役職につかなかった。キャプテンをやれって言われたけど、そのときは、一番上手い選手はリーダーをやらないイメージがあって、妙なプライドで辞退した。

今はね、**向いていないことはやらない**ってだけ。

最初だけ意見言って、方向性を提案したら、あとはもう放置。導ける器じゃないんで。先に目立つように発言していると、そこそこ貢献したような印象になる。実行リーダーは別の人にまかせて、その4つ隣くらいでちょろちょろ関わるくらいがオレっぽい。

寮生活のときも、グループでワイワイしているときにカメラ回す係だったし、そんなポジションでグループを俯瞰《ふかん》するのが一番楽しめるんだよね。

AOBA'S LIST ☑

13

同じメニューは頼まない

食べたことがあるメニューは味を覚えているから、なんかつまらない。マックの定番メニューも、好きだけど、もう知っている味だからオレにとっては新鮮さが足りない。味を予想しながら食べている感じがする。

美味しいと思ったらリピートするのが普通かもしれないけど、オレは新しいものを食べたい。すべての食事で「はじめまして」が理想。

だから同じお店に行ったとしても、前回と同じものは選ばない。ものすごく美味しかったとしても、**「また食べたい」より「新しい味と出会いたい」思いが強い。**

安定ではなく、イチかバチかのチャレンジを選ぶ……というとカッコいいけど、賭けだから失敗することもある。まぁ、それも経験だから。小さなワクワクを味わうために、NOリピートでいかせていただきます。

AOBA'S LIST ☑

14

おもんないことは発信しない

SNSでは、エンタメにできないような文章は書かないようにしている。

例えば、人に褒められたとか。そんなの表で発信しても自慢に聞こえるかもしれないし、全然おもんないなって。上手いこと笑えたりするオチがあればいいけど、ないんだったら、表で言う必要はないとオレは思っている。

そんなときのために裏垢《うらあか》がある。フォロワー数ゼロの裏垢では、表で言うようなことじゃないことも、単なる記録として残している。感情が荒ぶっているときはボイスでポストすることもありますよ。呟きたくなるのは散歩しているときですかね、音楽を聴いているときも何か浮かんできます。アイデアなのか、戯言なのか。

SNSの使い方は人それぞれだと思うけど、オレは表のアカウントでは、せっかくフォローしてくれている人たちを、ちゃんと楽しませたいんだよね。

AOBA'S LIST ☑

15

見栄を張らない

ドヤるためのハイブランドや、「住んでいるところは港区」みたいなステータス、オレは全然いらない。元から人の言うことを真に受けないタチなんで、「すごい！」とか言われても響かないんだよね。だから見栄を張る必要がない。

住むところも、風呂とトイレが別で服を収納できる広さがあれば十分。

女性と食事に行ったとして、「ここはオレが」みたいなのもない。なんなら、払ってほしいっていうスタンスですらある（笑）。普通に割り勘でいいんだけど、払ってくれたら「ありがとう」って素直に喜びます。

現状の自分を無理やり飾り立てて大きく見せても、未来の自分が苦しくなるだけ。笑われたり下に見られたりしても、「こいつは表面上だけ見ているアホ」って思って、ヘラヘラかわしてりゃいいんだよ。

AOBA'S LIST ☑

16

人の厚意に甘えすぎない

モテたいけど、貢ぎ物はいらない。プレゼントしたいっていう気持ちはすごく嬉しいし、実際イベントではそういう交流も素直に楽しんでいる。ただ、自分からこれが欲しいって言うつもりはないし、「買ってもらってラッキー！」みたいなのもない。

オレ、長い目で見ちゃうんで。今これもらったら、後々その人になんかお願いされるかもしれないなとか、自分が麻痺《まひ》して味をしめるようになったら怖いなとか。短絡的には幸せかもしれないけど、長期的にはあんまりいいことないだろうなと思う。実際、アパレルで働いていたときも、相手の厚意を受け取りすぎて、関係性がキツくなったことがある。人間って、見返りを求めるのが普通でしょ。最初はそんなつもりなくても、「やってあげたのに」っていう気持ちが芽生えてくるものだし。こっちも相応のものを返さないといけないのかなっていう意識に囚《とら》われだして、窮屈になるんだよね。

17

嫌な思い出は記録しない

思い出は写真や動画に残したほうがいいっていうけど、オレは自分がヘコむようなことがあったときに限り、記録しないようにしている。そんなのは、さっさと忘れたほうがいいからさ。

ただ、自分で「この感情は忘れたくないな」って思ったときだけ、**そのときの表情を自撮りして、裏垢に残す**ことはある。喜怒哀楽すべて、「この顔は、こういうことを感じたときの表情」ってコメントを添えてね。嫌な思い出にはならないと判断した上で残しているから、後で見返しても全然ダメージがない。時間が経《た》った元カノの写真みたいなもんだ。

自分にとって100%不利益なこと、害になることはすぐに忘れられるよう、連想させるものは一切、残さない。思い出の品もいらない。友達と遊んだり、楽しい時間を過ごしたりして、さっさと感情を上書きしてしまうに限るね。

AOBA'S LIST ☑

18

「人と比べないようにしよう」と考えない

「しないようにしよう」と考えたことは、逆に、いつまでも頭にこびりつくものだ。人と比べちゃうのなんて、当たり前のことだから。そこはもう、のみ込むしかない。

オレだって、人と比較して劣等感で落ち込むことがないわけじゃない。その場では「あ〜」ってなるけど、そんなの数時間後には消える。考えてどうにかなるものじゃないし、解決しないことを考えていられるほど、暇でもない。

そもそも、「自分、全然ダメじゃん」って思ったところで、「比べちゃダメ！」って瞬時に意識を変えられるやつなんている？ 比べて落ち込んで、忘れて浮上して、また別のどこかで比較される。人生そういうものだと思ったほうがいい。落ち込んだときに落ち込んでいる自分にまでダメ出しすることなく、**ただ感情が過ぎ去るのを待つ**くらいの心持ちでオレは劣等感と付き合っています。

AOBA'S LIST ☑

19

お金を優先しない

収入は多ければ多いほうがいいだろうけど、そこにあんまり囚われたくないっていうのが本音。今までお金に困ったことがないから言えるのかもしれないけど。

何回かホストに勧誘されたことがある。そのとき、「今より稼げるよ!」「適性あるよ!」と言われても、まったくやりたいと思わなかったんだよね。

今のオレの優先順位的に、ホストをやる時間があったら、SNSや服作りに時間を使いたいし、海外に行くっていう経験を優先したい。真剣に集中してホストをやってみたら、今とは比べ物にならないくらい稼げるのかもしれないけど、**自分のやりたいこととお金を引き換えにはしたくない。**

まずは好きなことに人生を捧《ささ》げる。お金は後からついてくるものっていうスタンスは崩さず生きていきたい。

AOBA'S LIST

20

応援してくれる人を「ファン」と呼ばない

他の人がフォロワーさんのことを「ファン」と言っていても全然構わないし、それを否定するわけではない。ただ自分的には「観てくれている方」「フォロワーの方」っていう言い方がしっくりくるから、そっちのほうを使うことが多い。

まだアーティストでも俳優でもない自分なんかが、応援してくれている人を「ファン」って呼んでいいものかっていう葛藤は、もうずっとある。なんか申し訳ないとすら思っている。この先オレがビッグになったら、違和感なくみんなを「ファン」って呼べる日が来るのかもしれないけど！

関係性をカテゴライズするのは分かりやすいけど、その言葉が持つイメージに引っ張られる気がして、ちょっと怖いと思うんだよ。最近だと「推し」とかね。オレはおごらず、対等に一人ひとりと向き合いたいな。

LOOKING FOR CLOTHES THAT BOOST MY MOOD

CHAPTER.5

テンションの上がる服を探して

AONISAI NO MAMA IKITEIKU KOTONISHITA

ファッションはとことんトライ＆エラー

恋愛に興味はないが、モテるために自分を磨いた

服に目覚めたのは高校に入ってから。

超マンモス校の共学だったから、当たり前だけど男子も女子もたくさんいた。なんなら、元女子校だった経緯か6：4くらいで女子のほうが多かった。

モテたいなら、女子が多い高校なんて最高じゃん！　と思うでしょ。

なんと、うちの高校は恋愛が禁止されていた。こっそり付き合っている人も多かったけどね。

じゃあモテても意味なくね？　となりそうだけど、オレはモテている自分が好き

なだけで、別に恋愛がしたいわけじゃなかったから、それはあんまり気にならなかった。

一人と付き合うということは、その他は切り捨てることになる。オレは誰かを選ぶより、みんなに好かれるスクールライフが送りたかっただけ。そもそも、あまり恋愛体質じゃないみたい。恋人が欲しいからモテたいわけじゃなくて、万人モテそのものが目的だった。

モテるために何をしたかというと、いわゆる自分磨きに走った。

中学からずっと部活中心の生活で、普段着ているものは基本ジャージ。当時はファッションもヘアスタイルも全然気にしていなかった。

高校生活の前半はずっと部活漬け。本格的に磨きに入ったのは高校2年の後半くらいから。意外と遅いでしょ？

本気を出す時期には自分のタイミングがあるから、周りより出遅れたとしても、そこを気にしても仕方ないよねっていう話です。ここ重要だからね！

バイトもしていなかったからお金がなくて、GU、ユニクロといった安くて定番のお店に行って、誰でも着ているような服を片っ端から試すのがスタートだった。

お店に行ったら、とにかく試着をしまくっていた。トライしてみないことには、それが自分に合っているのか分からない。イメージとリアルの間には、必ずギャップってものがある。たまに「想像通り!」ってこともあるけど、想像だけで決断するのは頭の悪い賭けでしかない。

資金力のない学生でも、試着はいくらでもできる。お金はなくても時間があるのが学生の特権。どういうアイテムが自分にフィットするのか見極めたり、気に入るのが見つかったりするまで粘っていいと思う。というか、オレはそうしていた。

あっという間にオシャレになれるかというと、そんな近道はない。だから数を試す。ちょっとずつ似合う服が分かってきて、合わせる楽しさを覚えていった。そのうちに、買えなくてもブランドやデザイナーに興味が出てきて情報収集をするようになり、知識を増やすことも楽しくなっていった。

あとは観察かな。

店員でも街でオシャレだなと思う人でもいい。自分の好みや体形、雰囲気と似たタイプのロールモデルを探すと参考になる。オレにはいなかったけど。

服だけじゃなくて、髪型もなんとかしようと努力した。

ヘアスタイルもね、ずっと部活で短髪だったから1000円カットで十分だった。でも服に興味が出てからは、髪型も考えたほうがいいなと思い、先に垢抜けていった先輩、特にサッカー部のオシャレな先輩に「髪めっちゃオシャレっすけど、どこでカットしているんですか?」って、持ち前の後輩力を発揮して美容院まで連れて行ってもらった。

オシャレというのはトータルで表現するもので、服だけじゃなくて髪型やメイクなんかも結構重要な構成要素だからね。


モテから始まった服への興味だったけど、気がついたらファッションそのものが目的になった。奥の深いジャンルだから、これからも追求し続けると思う。

どの分野でも、トライ&エラーに終わりはない。**エラーこそが成功へのヒント**だから、どんどん試していこう。

モテる服はあるが、服だけでモテることはない

ファッション感度の高い人がモテるとは限らない

「モテたい」がオレの服好きへの入り口だったが、実際に服への意識が高くなってモテが加速したかというと、むしろ逆だった。

モテたくてオシャレになろうと思ったが、服がモテにつながったかというと、あんまり関係ないなっていうのが結論。

これもトライしてみて分かったことだ。今はもう、モテとか関係なく服が好きだし、ファッションは人生の一部になっているから問題はない。

最初はファストファッション系、量産型の服を試しまくるところから入っても、ファッションを極めようとすると、人と被《かぶ》らない服やコーディネートを模索するようになる。

定番から外れて、どんどん奇抜になっていくわけだ。

服だけで人の魅力を底上げしようとするのは無謀かもしれないけど、その人をさらに輝かせ、素敵に見せる服や着こなしというのはある。服だけで人を好きになることはないとはいえ、**印象がプラスになる服やコーディネートというのは、いつの時代にも存在している。**

教科書的な着こなしだと、例えば、トップスとボトムス両方を柄物にはしないとか、同系色で合わせるとキレイにまとまるとか。上下のライン、シルエットの適切なバランスなど、一定のルールには割とすぐにたどり着く。上質なアイテムを選んで、清潔感がある上品な着こなし方をしていれば、もしかしたら服でモテることもあるかもしれない。

ファッション誌で白のタートルにインディゴデニム、みたいなコーデのボーイズグループをよく目にするのも、清潔感があって爽やかで、カッコよさが際立つから。たぶん夏だと白Tとかになるんだけど、これを一般人が真似してもまったく映えない。シンプルなほうがモテるけど、シンプルなほど、カッコよく着こなすためのハードルがめちゃくちゃ高い。

流行を知っているかどうかもモテに関わる。ジーンズ一つでも、時代によって流行のデザインって全然違うからね。

一昔前だとスラックスのほうがキレイめで印象がよかったけど、今はデニムなどカジュアル路線のほうがモテポイントは高い。もちろん、めちゃくちゃダメージ入っているとかだと、奇抜な印象になるからモテ的にはNG。

オレが高校生のときは、無地のタートルネックにロングコートを合わせるのが流行っていた。

しかし、既にファッションというもの自体にハマっていたオレにとって、セオリーとは破るためのものでしかなかった。

当たり前の着こなしなんて、つまらない。

で、「えっ、そんな服どこで見つけてきた?」「なんでそんな合わせ方する?」っていう方向に暴走していく。

奇抜であればあるほど、人と違う発想ができたということ。達成感があって楽しい。そして奇抜路線を極めるほどに、モテからは遠く離れていく。

服を極めたらモテないと気づくのが先か、服とモテとにそれほど密接なつながりはないと感じたから奇抜に走ったのか。もはやどっちが先かは分からないが、とにかく気がついたときにはもう**モテるためではなく、自分のためだけに、服を、ファッションを楽しむ**ようになっていた。

服だけでモテるわけがないと冷静に理解してからは、じゃあもう何を着てもいいだろうと開き直った。**開き直った人間というのは無敵だ。**人の目よりも自分が気持ちいいことを優先するようになり、ファッションモンスター、あおばのでき上がり。

でも、一周回って今のオレ、意外とモテているのかもしれないな……。

服は自己表現の一つ。ジャンルは〝自分〟

「オシャレ」と言われるより「あおばっぽい」が響く

テレビ番組でビフォーアフター的な企画ってあるじゃないですか。夫を垢抜けさせる！　みたいな内容で、プロのスタイリストがその人に合った服を選び、ヘアスタイルを整えて、別人みたいに変わるやつ。

プロがやったら一発でOKになるものも、自分でやるとなると、それなりに時間とコストがかかる。オレはトライ&エラー方式だったけど、「この人、いいな」と思う対象がいれば、その人を真似るというのもありだと思う。その場合、芸能人やモデルだとお手本のレベルが高すぎるから、身近な人のほうがやりやすい。まぁ、オレにはそういうロールモデルみたいな人はいなかったんだけど、オシャレな先輩から情報はよく教えてもらっていた。お店とかサロンとか、そういう知識を蓄えつつ、あとは雑誌を読みまくったりして自分で極めていった。

趣味になると、情報を集めることも発信することも楽しくなる。

自分が好きであれこれ着こなしを試していくうちに、高校や大学で人から真似されるようになり、気がついたら、オレがロールモデル化していた。

自分が着ていたのとまったく同じスタイリングを地元の友達がしてきたときは、めちゃくちゃ嬉しかったな。別に人の目を意識していたわけじゃなかったんだけど、もっとセンスを磨きたくなったし、ＳＮＳにも力を入れようと思った。

古着店でのバイトが比較的長く続いたのも、得るものがたくさんあって興味が尽きなかったから。その頃にはフォロワーが1万人を超えていたし、服について現場で学ぼうと思ってバイトを始めた。

古着店では服の年代、素材、シルエットの変遷など、一生やってられるなってくらい吸収することがあったよ。具体的な仕入れルートは商売の決め手、必殺技みたいものだからバイトには教えてくれなかったけど、県をまたいで買いつけに行ったり、海外からも仕入れたりしていたみたいだし、やること、覚えることがいっぱいあって無限だった。仕入れてきた服を片っ端から着て試せるのも楽しかった。

スポーツだったら相手に勝つ、タイムを競うといった目標があるけど、ファッションには明確なゴールがない。その年、時代でのトレンドはあるけど、何が正解かなんて決まっていない。

「ファッションでの失敗は？」って言われたら、そんなの今でもたくさんしている。失敗の逆は成功でしょ。ファッションでの成功って何？　モテる服が成功でそれ以外が失敗だっていうのなら、オレはずっと失敗続きだ。

ファッションは所詮、自己満の世界だからか、ＳＮＳで服を発信していても、なかなかフォロワー数は伸びなかった。でも、ファッションを自分の一部として、生活や考え方をベースに発信するようにしたら、どんどん人が観てくれるようになった。身近な人から始まり、ＳＮＳという発信ツールによって拡散されて、性別を問わず真似されるようにもなった。

トライ&エラーでいろんなジャンルを通ってきて、普段の自分、生き方を発信してきた結果、なんだかジャンルはよく分からないけど「あおばっぽい」と言われるに至った。

よく言われるけど、「あおばっぽい」って一体何？

正直、自分でもよく分からない。友達に聞いてみても、明確な回答は得られなかった。着こなしに出る内面やセンス、それを着て何をしているのか、どう生きているのかを感じ取った上で、そう言ってくれているのかな。

いつだったかコメントで、「あおばっぽくなるには、あおばの真似をしないこと」みたいな言葉があって、おもしろいなと思った。

自由で何も考えてなさそうで、嫌なことがあったらSNSからすぐ離れそう？まぁそんな生き方が服にも反映されているのかもしれない。

他の誰でもない、自分っぽいって言わせたら勝ちな気がする。何と戦っているのかは分からんけど（笑）。

服で人は変われる。一度変身してみない？

日本のファッション文化を楽しもう

適当に、たいしたストレスもなく好き勝手に生きているように見えるあおばですが、こんな生き様を楽しんでくれている人に伝えたい、伝わったらいいなと思うことの一つに、「もっと服を楽しもうよ」っていうのがある。

なんか自分に自信が持てない、だから毎日あんまりおもしろくない、っていう人。

服は、自分をアゲる一つの要素には確実になる。

服って、人間なら絶対に身に纏《まと》うものでしょ。

とりあえず寒くなければいいとか、外に出られる最低限の無難な格好でいいという人もいるかもしれない。

こだわりなんてゼロだっていう人にとっても、できるだけ快適なほうがいいし、自分に似合っていて気分がよくなるほうがＱＯＬは上がる。

たかが服、されど服。


普段は適当なくせに、なんで服のことでこんなに熱くなっているのかというと、日本のファッションシーンって独特で、すごくおもしろいなって思っているから。

台湾、韓国、上海、タイ、ベトナムなどアジアの国を訪れたときに、日本ほどファッションのバリエーションが豊かなところはなかった。


一方、日本は渋谷と原宿でもガラッと傾向が変わる。

「おっ!?」と思わず振り向いちゃったり、驚かされたりする個性的で奇抜なファッションをしている人がいるのは、日本くらいなんだなって。それって日本のいいところだと思うし、オシャレを楽しむ文化がナチュラルに浸透しているってことでもある。

海外だと、ファッションを好きな人が限られているというか、好きな人と興味ない人とで分断されているというか、狭いコミュニティにとどまっているという話を聞いたことがあって。

いろんな見方があるとは思うけど、オレが感じているのは、**日本はファッションを楽しむのに最適な国**だってことだ。

服を選ぶ時間や労力を他のことに使いたいっていうのは、まぁ分かる。オレも中高時代は部活、テニス第一だったしね。

ただ少しでも、自分を磨きたい、向上させたいって気持ちがあるなら、服を無視するのはもったいないって話。

ファッションは第二の皮膚。服を纏うことは、個人の意思やアイデンティティーを他者や社会へ向けて表現すること。服には着る人の人生そのものが反映されるといっても過言ではない。

服は自分をブーストできる装置でもある。

普段は自己主張しない、どちらかと言えばおとなしい性格の人が、学校行事やイベントでいつもと違う格好をしたら、超ハイテンションになってキャラ変することもある。

オレも、ファッションにドハマリして奇抜な格好ばっかりしていた頃は、なんだか無敵になった気がして、ちょっとオラついていた（笑）。

キレイめな格好、スーツ、フォーマルな服装をすると、厳かな場所にいなくてもジーンズを穿《は》いているときとは振る舞いに違いが出る。

服は人を変えるから、自分を変えるために外側から工夫するのもありだと思う。

「楽しくないときも、先に笑顔になると楽しい気分になる」っていうじゃん？自己表現のために……とか考えると、構えてしまうかもしれないから、ちょっくら変身してみるか、くらいのノリでもいい。

自分をハッピーにする服を着てみてほしい。

「こんな服着たら、人からどう思われるかな？」という意識が働くかもしれないけど、大丈夫、人も自分のことで精一杯で、そこまで他人のことを気にしちゃいない。人がどんな格好していても、自分に害を及ぼすものでなければ、どうだっていい。ライブ中、目の前にでっかい帽子被ったやつとか、髪型盛ったやつがいない限りは。

動きやすくてラクちん、それも上等だ。でも、それはいつでもできる。一度、**「自分のテンションを上げる」**というテーマで服を選んでみたらどうだろう。そういうあおばっぽいマインドの人が増殖したら、きっとみんな笑って過ごせそうじゃないか？

そんなことを考えながら、次ページからのオレの着こなしを見てほしい。思い入れの強いアイテムを纏って、コーディネートごとに表情やテンションまで変わっていることが写真でも伝わるんじゃないかな。

少しでも楽しそうだと思ってくれたら、ぜひあなたも、ファッションで変身する感覚を味わってください！

同じ〝黒〟でも、素材感を変えるだけで
深みが出るんですよね。

丸い歪みも
味になる

曇り空も オレらしい

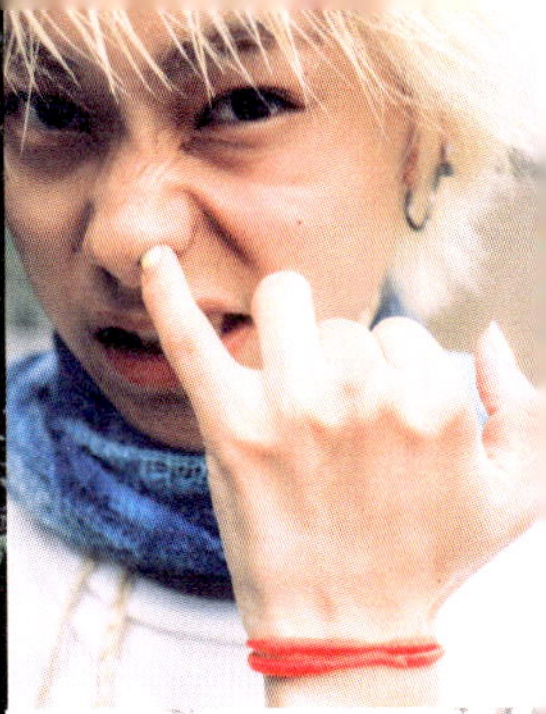

仲のいいカメラマン「たけおっぺ」に撮ってもらった写真。オレは面倒な人で、なんでこのような写真を撮ったのか、なんでこのような質感なのかなど、好きなものに対してはすごくロジカルに考えてしまうんですよね。理屈が知りたいっていうか。たけおっぺは、ちゃんと説明してくれるし、オレがやりたい構図を予習までしてくれて、いつも最高の一枚を撮ってくれます。人間味があって、自分と性格が似ているところも多い。お互いのわかままでひねくれているところが重なったときに、100点以上の作品が生まれるんだなと、たけおっぺと出会って感じました。

SONY
MODI

entiendo

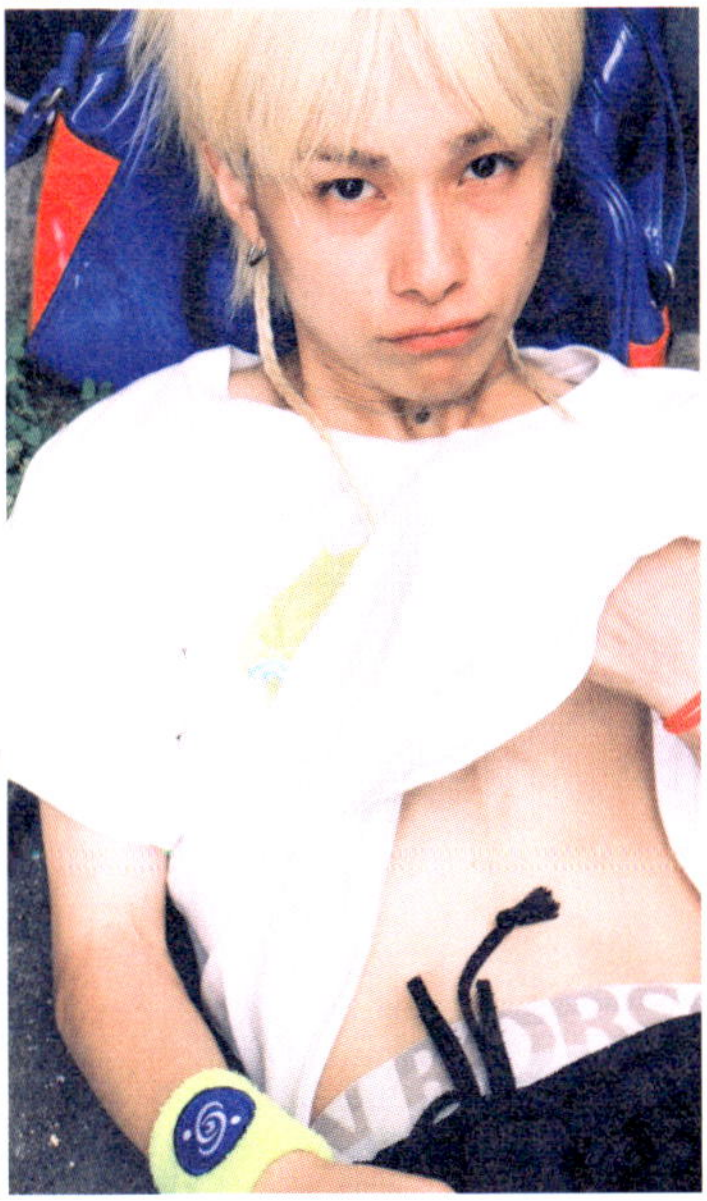

チェックジャケットは内側のキルティングがポイント。ジャケットを羽織ってネクタイもしているのに、まったく公務員志望には見えませんね。前ページの光の線はアナログな方法で生み出しました。極限までシンプルな黒タンクトップ姿のオレも、意志を感じる表情をしていてお気に入り。

メインは自分自身。服のことは後出しで

自分を知ってもらってから服のことを語る

SNSを始めたばかりの頃、投稿のテーマは主に「ファッション」だった。好きなものって布教したくなる。オレはファッションが好きだから、その楽しさを伝えたいと思った。みんなにシェアできる知識や情報も少しは持っていると思った。

でも、さっき話した通り、それなりに工夫して頑張ってはみたものの、服のことをメインに発信していても、それほど多くの人には見てもらえないってことに、割と早い段階で気づいたんだよね。

じゃあどうするかっていうと、いったん、ファッションのことは脇に置いた。自分自身のことを発信しつつ、その一部として服のことも混ぜるといった感じにシフトした。

一番やりたいのは服だっていう軸は一貫して変わっていないんだけど、見てもらわないことには届かない。必死になってフォロワーを増やそうとしたわけじゃなく、フォローしてくれている人に楽しんでもらうことを第一に、刺さる内容を考えたら、少しずつ再生回数が増えていった。

好きなことを一方的に出すだけじゃ、自己満足でしかない。その頃には好きな服を着て満足っていう段階から、何か影響力のあることがやりたくなっていたから、余計にね。こいつ、なんかおもしろいなって思ってもらった後に、しかもオシャレだなっていう要素をプラスするやり方は正解だった。

メインが自分で、サブがファッション。オレのことをビジュアルで知ってくれた人も、ゆくゆくは中身まで見て好きになってくれたら嬉しいです。

一度はサブにしたファッションの存在感が大きくなってきて、２０２４年には自分のブランド「ａ２ｏ」で服を作れるようになった。

先輩に「ビジュアルで売ると、それを上回るスキルがいる」と教えてもらったことがある。オレは先にキャラで認知度を上げたからこそ、それで見てくれるようになった人たちにファッションまで好きになってもらうっていうハードルが存在する。

顔で売らないようにすればファッションだけに注目して見てくれるかもしれない。そうやってレベルを下げるのは簡単だけど、**下のものを同じレベルに上げないと、本当の意味での成長はない。**ビジュアルを超えて、センスも服もいいなって思わせたい。

今はファッションもあおばももっと知りたいと思ってもらえるよう、どちらも大きくしていきたいと思っているよ。

歩いていてパッションを感じるような人間を増やしたい。小さいコミュニティでバズるより日本のカルチャーとしてデッカくなれたらいいな。

ＴｉｋＴｏｋの中だけで流行ればいいとか、ＳＮＳだけで成り立てばいいとかいう思いは正直なくて、一つのカルチャーを作って日本ごと盛り上げたいと思っています。

コンプレックス含め、まずは自分を知る

好きな服で自己肯定感を上げていこう！

オシャレのキモはセンスだ、知識だとか言いつつ、ぶっちゃけその人のビジュ次第だろ！　って思っている人、いない？　いるよね！

そりゃあ、顔やスタイルっていう素材がいいほうが似合う服が多いだろうし、何着ても輝いちゃうでしょうよ。

でもさ、街で目にするオシャレな人、なんかいい着こなしだなって人の全員が全員、モデル体形ばかりじゃない。ぽっちゃりしていたり、平均より小柄だったりする人でも、オシャレに感じる人っている。

人の佇《たたず》まいを素敵だなと思うのは、その人に**自分の世界観がある**からだと思う。自分と向き合って、自分のことを理解して選んでいるから、着こなしがハマっていて輝いている。

それって、**自分のことをないがしろにしていない証拠だ。**

「もうちょっと背が高かったら」
「首が長かったら」
「肩幅があったら」
「脚がもうちょい長ければ」
「O脚じゃなかったら」

オレも身長高くないから、もっと背が高かったら似合うだろうなって思ったことは、何回もある。でも、自分が思う自分のマイナスな面を言い訳にしていたら、一生動けやしない。

ノットフォーミーな服があれば、フォーミーな服だって絶対にある。合うか合わないか、トライしてみるチャンスさえ放棄していなければ必ず見つかる。

しっくり来る服を着ると、合わない服を着たときよりも数段、気分がいい。服は着てみないと分からないから、試着をしまくる。合う、合わないの取捨選択をして、そこに好みを反映していくことでセンスが磨かれていく。

それに加えて、オレは雑誌を見まくることで、服にまつわる情報とともに、同じアイテムでも着方によってよく見えることがあるっていう着こなしのヒントを見つけることができた。

シャツはインなのかアウトなのか、トップスとボトムスのボリュームとか、丈感とか、自分にハマるものが分かっている人は、着こなしが上手いし、オリジナルの魅力にあふれている。

ちなみに、オレはシャツがあまり似合わない。まったく着ないわけではないけれど、着ることがあるとしても首元までボタンを留めることはしない。

元のスタイルのよさで光っている人よりも、工夫とアイデア、テクニックで上手くカバーしている人のほうが、なんだか目が行くんだよね。それが、その人の経験によって磨かれてきたセンスなんだと思う。

コンプレックスを持つのが悪いわけじゃなくて、コンプレックスなんて誰でもあって、穴点をカバーしようとしてセンスが生まれるってこと。

そうやってオレたちは進化してきたんじゃないの？

自分と服について考え抜いた結果、似合う服やスタイルが見つかるとテンション上がるよ。

服を選ぶ時間も好きになるだろうし、自分に自信が持てるようになる。

自分のためだけに、自分を見つめ直して、自分が気持ちよくなる服を探して、一緒に元気になろうぜ。

もちろん、似合うとか似合わないとか人の評価なんて気にせず、自分はこれが好きなんだ！　っていうスタイルを貫いている人もカッコいいよ。周りの好みとは違っていたとしても、そこには生き様が反映されているからね。

大衆受けとコア受けのバランス感覚が大事

トレンドを追いつつ自分らしさも意識する

求められていることと、自分のやりたいこと。これが一致するのが一番いいんだけど、そう上手くはいかないっていうのは、SNSの発信でも感じてきた。需要と供給のバランスって大事だから、服を出すときもかなり意識して作ってはいるつもり。

服にしても、通気性なども含めた着やすさ、動きやすさ、手入れがラクっていう機能性だけを求めたらデザイン性が失われてしまうことがあるし、デザイン重視だと我慢して着なきゃいけないってことになりかねない。

どちらも長所と短所があって表裏一体だったりするから、オレのブランドではその辺は混ぜながらやるという方針になった。

誰でも手に取りやすい印象の服と、本当に好きな人だけが着たいと思う服。

たくさんの人に着て満足してもらえる服と、着こなしが難しいかもしれないけど服好きには深く刺さる服。

どっちのニーズも押さえないといけないから、**大衆のトレンドとコア層のトレンド、両方知っておく**必要がある。


だけど、そういうのも含めて、服のことを考えるのは楽しい。着る側から出す側になって、より服が好きになった。

ファッションでアングラなことをやっているプロの人たちからは、今のオレのポジションはちょうどプロの層からマスの層に落とし込める絶妙な立場だと言われることが多い。そこは素直にありがたく受け入れて、自分の強みとして役割を果たしていきたい。

あおば Q&A

Instagramのストーリーズでみんなから募集した質問に答えていく！
意外と謎の多いオレのことをさらに深く知ってもらえると。
これまでに話したこととつながる部分があるんじゃないかな。

Q.01 好きな食べ物

母の作る「さつま芋の天ぷら」

Q.02 行きたい場所

コペンハーゲン！　デンマークの街並みに憧れる

Q.03 兄弟はいる？

一人っ子！

Q.04 MBTI(16タイプ性格診断)は？

ENFP(運動家)※自己診断

Q.05 自分の性格を一言で

「側《がわ》」。自分を客観視することが多くて、何をするにも周りから全体を俯瞰で見ている

Q.06 座右の銘

比較するものは常に上

Q.07 ロールモデル

成功した自分。未来のオレが目標

Q.08 マイルール

[illegible]

Q.09 自分の顔のパーツで一番好きなところ

くちびる

Q.10 好きな色

青と緑が混ざった色。名前が碧羽だからね

Q.11 好きなブランド

「a2o」! オレのこだわりが詰まったブランド

Q.12 一番好きなパン

ピスタチオメインのパン

Q.13 得意料理

山賊焼! 味つけと焼き加減がポイント

Q.14 未練が残る恋愛をしたことはある?

「別れた原因は自分が成長したから」と思っているから、未練はない

Q.15 沼ってしまう女の子の特徴は?

フェロモンがすごい子

Q.16 魅力を感じる人の特徴は?

努力している人。分野問わず

Q.17 両親が揃っていたほうがいいと思う?

子どもが悲しい思いをしなければ、いなくてもいいと思う

Q.18 人と接するときに心がけていること

暗い姿を見せないこと

Q.19 どんなときに泣くの?

絵本を読んだとき

Q.21 落ち込むことはある?

あるけど、すぐ切り替える。まったく引きずらない

Q.20 他人に対して醜い感情はある?

めっちゃくっちゃある! 人間だからね

Q.22 周りの目や評価から逃れたいときの考え方

自分から立ち向かう。逃げずに迎えに行く

Q.23 どんなマインドで生きていますか

「オレが一番っしょ」と常に思う

Q.26 センスを身につける方法

人生の中で経験したことがセンスにつながる

Q.27 大事にしている感性

0.1秒の判断を大切にしている

Q.30 芸能の仕事を目指した理由

「自分が行かなかったら誰が行くの」って本気で思ったから

Q.31 この業界の仕事を始めて変わったこと

図々しく生きられるようになった

Q.34 家族のためにしたいこと

平屋を建てたい

Q.35 今年叶えたい夢

バラエティー番組（クレイジージャーニー）に出ること

Q.36 これからどんなことをしたい？

ドラマ、バラエティー番組に出たい

Q.37 10年後何がしたい？

パン屋を開きたい

Q.38 あおばくんの終着地点は？

ない。やりたいことは死ぬまで努力する

Q.39 人生の分岐点は？

毎年、毎年が分岐点。1年で大幅に流れが変わっている

Q.40 人生に一番影響を与えた人物

事務所（吉本）メンバー

Q.41 ファッションに興味を持ったきっかけ

高校生のとき、モテたくて始めたのが最初

Q.42 服のことはどれくらい好き？

オレから服を取るなんて、ビジュアル全部を取るようなものです

Q.43 コーデを組む上で気をつけていること

固定観念をなくすこと

Q.44 金持ちになったら何する？

他人を幸せにする

Q.45 自分がキャラクターになるなら

みきゃん（愛媛県のゆるキャラ）

Q.46 無限に食べられるもの

焼肉

おわりに

本を出したいなんて、口にはしたものの、まあまあ無茶なことを言っているという自覚はあった。

服のブランドを立ち上げることも、テレビに出たいって言っていることも、冷静になったら無謀なことだよなと。

それが、ちょっとずつ叶ってきている。

人生、何が起こるか分からないよね。


でもオレは元々プライドないんで、オレのダメなところを見て、おもしろがって、「下には下がいる」「あおばがなんとかなっているんだから大丈夫」って思ってくれるくらいがちょうどいい。

それでその人が頑張れそうなら、**どんどん下に見ていいよ**って。

社会的に見たら、大学も中退だし、公務員にもなれていないし(笑)。思いつきで動くから、すぐ失敗もする。

今まで動画を観てくれている人にとっては、オレのポンコツっぷり、もうおなじみだよね。楽しんでもらえて、嬉しく思うよ!


今はやりたいと思っていたことが叶っていて嬉しい時期だけど、ここから全然上手くいかなくなって、東京から撤収するかもしれない。まぁ、それはそれでね。そういう人生なんだなってことで。

そうなったら、そのときの様子もYouTubeで流したらおもしろそうだよな。

「全然、思ったようにできませんでした」って。

そういうダメな自分を知られるのがカッコ悪いっていう気持ちも全然ない。つくづく、こういう自分でよかったなと思う。

最終的には報われるように動いているから、その過程を見守っていてほしいな。


第一線で活躍している人ほど、余計なプライドなしに自分の失敗から目を逸らさず、人からのアドバイスを素直に受け入れている印象がある。オレは**何歳になっても足りない自分を認めて、経験値を積んで成長していける人間でいたい。**

と、一応最後は真面目に締めさせてもらいました。

ここまで読んでくれて、本当にありがとう。またね！

2025年3月吉日　清家碧羽

あおば（清家 碧羽）
2001年5月17日生まれ。愛媛県出身。大学を4年次に退学し上京。独自のストリートカジュアルなファッションが話題となり、雑誌やブランドのモデルとして活動。SNSインフルエンサーとしても人気急上昇中。

YouTube：@aaa__ao55
Instagram：@01_____ao
X（旧Twitter）：@aaa__ao5
TikTok：@aokun__

青《あお》二《に》才《さい》のまま生《い》きていくことにした

2025年3月13日　初版発行

著者／あおば（清家《せいけ》　碧羽《あおば》）

発行者／山下 直久

発行／株式会社KADOKAWA
〒102-8177　東京都千代田区富士見2-13-3
電話 0570-002-301（ナビダイヤル）

印刷所／TOPPANクロレ株式会社

製本所／TOPPANクロレ株式会社

●お問い合わせ
https://www.kadokawa.co.jp/（「お問い合わせ」へお進みください）
※内容によっては、お答えできない場合があります。
※サポートは日本国内のみとさせていただきます。
※Japanese text only

定価はカバーに表示してあります。

ISBN 978-4-04-607272-6　C0095